INSTRUCTION

SUR LA MANIÈRE DE SE SERVIR

DE LA

RÈGLE À CALCUL,

RÈGLE ANGLAISE,

ou

SLIDING RULE

Avec 21 Figures représentant l'Instrument dans la plupart des opérations.

SECONDE ÉDITION, CORRIGÉE ET AUGMENTÉE

Prix : 2 fr. 50 c.

A DIJON

DOUILLIER, LIBRAIRE, IMPRIMEUR EN TAILLE-DOUCE
ET EN LITHOGRAPHIE, RUE BORDELIER

INSTRUCTION

SUR LA

RÈGLE A CALCUL.

AVIS.

L'ACCUEIL que le Public a fait à ce petit Ouvrage, et le suffrage de la Société d'encouragement, font espérer que cette seconde édition ne sera pas moins bien reçue que la première.

L'auteur l'a augmentée de plusieurs articles inté-ressans, notamment de l'application de la Règle à Calcul à la trigonométrie rectiligne.

PROPRIÉTÉ DE L'ÉDITEUR.

INSTRUCTION

SUR LA MANIÈRE DE SE SERVIR

DE LA

RÈGLE A CALCUL,

DITE

RÈGLE ANGLAISE,

OU SLIDING RULE,

Instrument à l'aide duquel on peut obtenir à vue, sans plume, crayon ni papier, sans barrême, sans compte de tête, et même sans savoir l'arithmétique, le résultat de toute espèce de Calculs ;

Utile à MM. les Ingénieurs, Architectes, Géomètres, Officiers de Marine et d'Artillerie, Mécaniciens, Négocians, Marchands, et à toutes personnes obligées de calculer.

(Avec 21 Figures représentant l'Instrument dans la plupart des opérations.)

SECONDE ÉDITION, CORRIGÉE ET AUGMENTÉE.

DIJON,

CHEZ DOUILLIER, LIBRAIRE, IMPRIMEUR EN CARACTÈRES ET EN LITHOGRAPHIE, RUE PORTELLE.

1824.

INTRODUCTION.

L'ennui des calculs numériques, le peu d'aptitude de certaines personnes pour les mettre en pratique, l'inconvénient des erreurs inévitables lorsqu'on est obligé de calculer dans le tumulte ou dans la foule des affaires, ont conduit à chercher des moyens mécaniques propres à donner à vue le résultat de toutes les opérarations.

Plusieurs machines ont été imaginées à cet effet; mais la plupart d'entre elles, tout ingénieuses qu'elles sont, ne peuvent figurer, vu leur complication, que parmi les objets de curiosité consignés dans les collections académiques.

M. *Jomard*, membre de l'Académie Royale des inscriptions et belles-lettres, a fait connaître en France, et présenté, il y a quelques années, à la Société d'encouragement, une machine à calculer, de la plus grande simplicité, dont il avait vu faire usage en Angleterre où elle est entre les mains des plus simples ouvriers.

Appréciant, dès le premier moment toute l'utilité de cette importation dont il voulait gratifier (1) sa patrie, M. *Jomard* s'occupa de faire construire à Paris des Machines à Calcul assu-

---

M. *Jones*, ingénieur en instrumens à Londres, qui seul fabrique en Angleterre des Règles à Calcul, a obtenu pour cet objet un brevet d'invention. En France, où il n'a point été pris de brevet d'importation, les procédés simples et ingénieux de M. *Lenoir* ont permis d'établir les Règles à un prix plus modique qu'en Angleterre.

jetties aux systèmes français, et sous sa direc-
tion M. *Lenoir*, ingénieur du Roi pour les
instrumens à l'usage des sciences, parvint à en
fabriquer qui ne le cèdent sous aucun rapport
aux meilleures Machines anglaises.

Cet instrument que sa forme a fait appeler
en Angleterre *Sliding Rule* (Règle glissante),
et qui a reçu en France le nom de *Règle à
Calcul*, fait arriver en un instant aux résultats
de calculs longs et pénibles de toute autre manière, et qui par ce moyen ne sont vraiment
qu'un jeu.

Utile à l'homme instruit qu'elle dispense d'une
foule d'opérations monotones qui ne peuvent
ni captiver son attention, ni s'en passer entiè-
rement, la Règle à Calcul n'offre pas moins
d'avantages à celui qui, faute des ressources ou
du temps nécessaires à certaines études, ne pourrait, sans son secours, arriver aux résultats
qu'elle fait obtenir ; et sous ce rapport on
peut dire que toutes les conditions de la société
sont appelées à jouir de cette invention , dont
on doit désirer sur-tout que l'usage devienne
commun dans les manufactures et les ateliers.
Son utilité est tellement reconnue en Angleterre
que, dans les écoles, les enfans apprennent à s'en
servir en même temps qu'ils apprennent à lire.

C'est dans le désir de contribuer à en faire
adopter l'usage en France, qu'on a rédigé cette
instruction ; et l'on croira avoir atteint le but
que l'on s'est proposé, si l'on est parvenu à y

mettre assez de clarté pour que les personnes même qui n'ont sur les calculs que les notions les plus élémentaires, puissent y apprendre au moins à faire les opérations qui sont à leur usage; car quelque petit que soit ce livre, il n'est pas à beaucoup près nécessaire de le savoir en entier pour profiter des avantages que présente la Règle à Calcul. On y trouve en effet la manière de faire avec cet instrument tous les calculs relatifs au commerce, aux arts, à l'arpentage, au toisé des solides, à la résolution des triangles, etc., etc.; et la même personne se trouve bien rarement dans le cas de pratiquer toutes ces opérations.

On pourra donc ne s'attacher qu'à celles qui paraîtront le plus utiles, pourvu qu'on se soit préalablement familiarisé avec les articles principaux, qui sont:

1.º La lecture des nombres (pages 11 à 15.)

2.º La multiplication et la division (pages 20 à 33.)

3.º Les fractions (pages 33 à 37.)

4.º Les proportions (pages 43 à 46.)

Par les méthodes ordinaires de calculer il faut long-temps à un élève pour arriver aux proportions de même que pour opérer sur les fractions; mais avec la Règle tous les calculs se réduisent à si peu de chose qu'on pourrait indifféremment commencer par les opérations qu'on a l'habitude de considérer comme les plus compliquées.

Si quelques-uns des exemples nombreux qu'on a donnés sur chaque opération présentaient des difficultés aux commençans, ils pourraient sans aucun inconvénient passer ces articles à la première lecture, et n'y revenir qu'après s'être exercés sur les choses qu'ils auraient comprises.

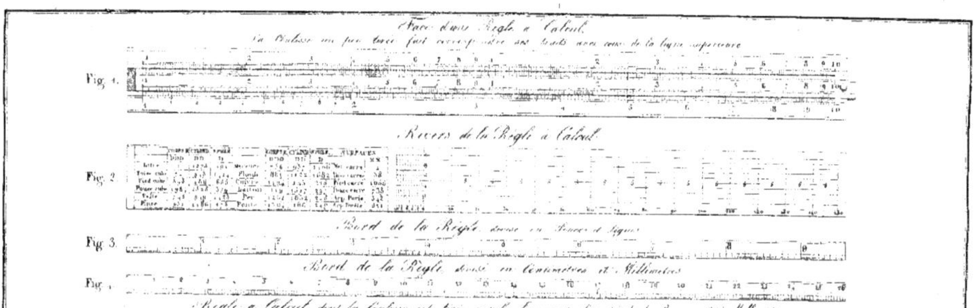

Face d'une Règle à Calcul.
La Coulisse un peu tirée fait correspondre ses traits avec ceux de la ligne supérieure.
Fig. 1.
Revers de la Règle à Calcul.
Fig. 2.
Bord de la Règle divisé en Pouces et lignes.
Fig. 3.
Bord de la Règle divisé en Centimètres et Millimètres.
Fig. 4.
Règle à Calcul dont la coulisse est tracée sur la longueur d'un pied de Roi ou 325 Millimètres.
Fig. 5.
Revers de la Coulisse.
Fig. 6.

INSTRUCTION

SUR

LA RÈGLE A CALCUL.

PREMIÈRE PARTIE.

Description d'une Règle à Calcul.

1. **C**ET instrument se compose de deux Règles
en bois (ou en cuivre) égales en longueur, mais
d'épaisseur et de largeur différentes. (Figure 1.)

La plus petite s'appelle *la Coulisse*, l'autre a con-
servé le nom de *Règle*.

Sur l'une des faces de *la Règle* on a pratiqué une
rainure, dans laquelle la Coulisse peut glisser à vo-
lonté. Au-dessus et au-dessous de cette rainure
on a gravé sur *la Règle* des chiffres et des traits qui
sont autant de divisions de la longueur de l'instrument : on a donné le nom de *ligne supérieure* à la
partie de la Règle qui est au-dessus de la rainure;
elle est partagée en deux parties égales, dont les
subdivisions étant les mêmes rendent les deux moitiés
absolument semblables; chacune de ces moitiés s'appelle *une échelle* (1). La ligne qui est au-dessous de
la rainure se nomme *ligne inférieure*, ou mieux encore
ligne des racines carrées; ses subdivisions ne forment
qu'une seule *série* ou *échelle*.

La Coulisse présente sur ses deux bords des divisions semblables à celles de la ligne supérieure *de*

---

(1) Le nombre 10 qu'on a gravé à l'extrémité droite de la
deuxième échelle, serait le *un* d'une troisième échelle qui n'est
pas marquée sur la Règle.

1

la Règle ; c'est en la poussant ou en la retirant, et en faisant ainsi correspondre les traits qui y sont gravés avec ceux de l'une ou de l'autre des lignes *de la Règle,* que l'on obtient à vue les résultats de toute espèce de Calculs.

Sur le revers de *la Règle* (fig. 2) et à la gauche, on a tracé une table de nombres que l'on appelle *indicateurs* et qui servent dans la pratique à déterminer, à l'aide de la Règle, l'étendue des surfaces ainsi que le volume, la capacité et le poids des corps. A côté de la table des nombres indicateurs on voit une *échelle de dixme,* dont l'usage est fréquent dans la géométrie pour la réduction des figures du grand au petit.

Les côtés de *la Règle* (fig. 3 et 4) portent des divisions de mesure : l'un est partagé en pouces et lignes ; l'autre présente des centimètres et des millimètres. Le fond de la rainure, dans laquelle glisse la Coulisse, offre aussi une double division en pouces et en centimètres, qui, faisant suite à celles qui sont marquées sur les côtés de la Règle, donne la facilité de se servir de l'instrument comme d'un pied-de-roi ou d'une mesure métrique.

2. Pour avoir une mesure plus longue que la Règle, il suffit de tirer la Coulisse (fig. 5) de gauche à droite, jusqu'à ce que son extrémité gauche marque sur le fond de la rainure le nombre de pouces ou de centimètres, dont la mesure qu'on veut obtenir doit être composée.

3. On voit sur le revers de la Coulisse (fig. 6) trois lignes horizontales inégalement divisées dans leur longueur ; elles servent de tables de logarithmes (1) des nombres, des sinus et des tangentes.

____

(1) La ligne inférieure étant divisée en demi-millimètres, peut encore servir à mesurer des objets délicats.

4. La longueur des Règles portatives est de 26 centimètres ou 9 pouces 7 lignes $^1/_4$; mais pour le bureau, M. Lenoir en fabrique de 36 centimètres ou 13 pouces 4 lignes, dont la dimension et les divisions ont été déterminées par M. Jomard lui-même, et auxquelles, pour cette raison, l'on donne ordinairement le nom de cet académicien : le prix en est double de celui de la Règle portative. On s'est principalement occupé de cette dernière dans la présente instruction, parce que l'usage en convient à un plus grand nombre de personnes ; mais lorsqu'on saura se servir de cette Règle, on ne trouvera aucune difficulté à calculer avec la plus grande ; et l'on pense qu'il en serait autrement si l'on commençait par celle-ci. Au surplus, on fera connaître les différences que présentent ces deux instrumens.

5. Comme la Coulisse doit glisser sans effort dans la rainure, il faut, autant que possible, préserver les Règles en bois de l'humidité dont l'effet en rendrait l'usage difficile. Un moyen sûr d'éviter cet inconvénient est de les porter dans la poche.

Manière de lire les nombres.

6. La manière de lire les nombres sur les échelles de la Règle et de la Coulisse est la première et l'on pourrait presque dire la seule chose à apprendre pour pouvoir faire usage de la Règle à Calcul ; mais c'est aussi la chose essentielle, indispensable et sans laquelle il ne faut pas songer à calculer avec la Règle. On doit donc s'attacher à ce premier article, et ne passer à un second que lorsqu'on sera en état de trouver de suite sur la Règle le nombre qui pourrait être proposé. Il faut d'abord s'exercer sur les dizaines, c'est-à-dire sur les nombres qui vont de 10 à 100 ;

après quoi on passera aux nombres qui vont de 100 à 1000. Lorsque l'on sera familiarisé avec ces derniers, l'usage de la Règle ne présentera aucune espèce de difficulté. Au surplus la lecture des nombres n'est ni longue ni pénible à apprendre, et si l'on insiste sur son importance c'est dans l'unique vue d'épargner aux personnes qui voudront se servir de la Règle, le désagrément d'être arrêtées à chaque opération par la difficulté de distinguer leurs nombres.

7. Chaque échelle peut représenter tous les nombres : pour cela, il suffit de considérer les chiffres qui y sont marqués comme exprimant, suivant le besoin, des unités, des dizaines, des centaines, des mille, etc., etc. Quelques exemples joints à l'explication qui va suivre suffiront pour familiariser avec cette méthode.

8. Si le nombre proposé n'a qu'un chiffre, sa place sera marquée par le trait qui est à côté (à gauche) de ce chiffre. Ainsi, dans l'échelle A (fig. 7), si l'on veut avoir le nombre *huit*, on prendra le trait n.° 8, et ainsi pour les autres.

9. Si le nombre contient des dizaines, il faudra se représenter l'échelle comme exprimant les nombres écrits au-dessus des traits de la figure B.

10. Si le nombre contient des centaines, il faudra voir sur l'échelle les nombres placés au-dessus des traits de la figure C.

11. Pour bien comprendre ce genre de numération, il faut concevoir qu'ayant eu à écrire sur la Règle à Calcul une multitude de nombres pour les chiffres desquels l'espace eut été de beaucoup insuffisant, on a eu l'idée de représenter chaque nombre par un seul trait sans épaisseur, dont le rang dans la série détermine la valeur numérique ; de sorte que le premier trait représente le nombre *un*, le second

Fig. 7.

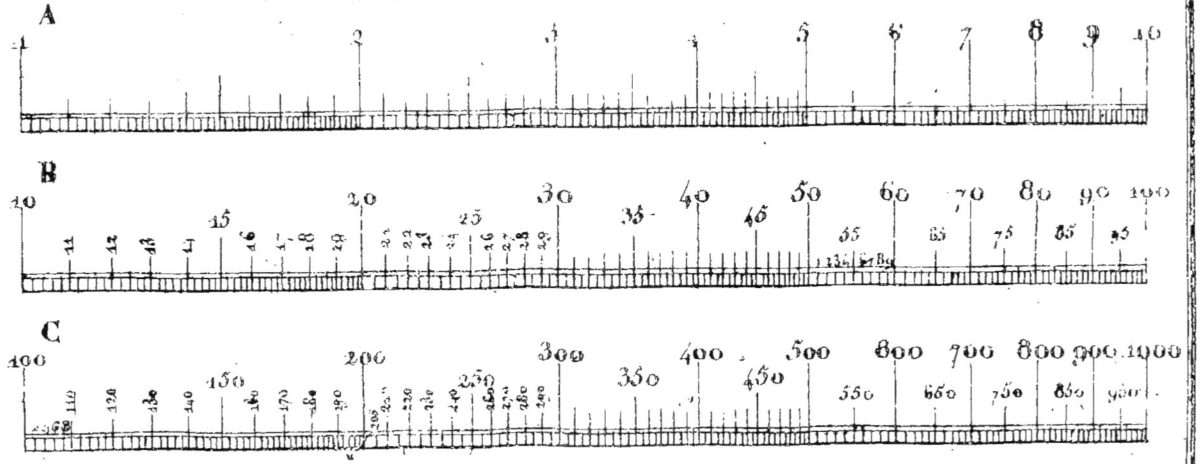

trait le nombre *deux*, le troisième trait le nombre *trois*, et ainsi de suite.

Après avoir ainsi placé, à des distances déterminées, les nombres de *un* à *dix*, on a écrit de la même manière entre chacun d'eux les nombres 1. 2. 3. 4. 5. 6. 7. 8. 9., c'est-à-dire qu'on a tracé dans chaque intervalle compris entre les premiers traits, neuf autres traits plus petits, dont le premier vaut *un*, le second *deux*, le suivant *trois*, et ainsi de suite. (*Voy. fig. 7, échelle B, intervalle de 5 à 6 et suivans.*)

On est ensuite convenu que chacun des grands traits, qui, pris isolément, représente le chiffre qui l'accompagne, vaudrait des dizaines à l'égard des petits traits qui le suivent, et qu'ainsi, par exemple, le grand trait numéroté 5, accompagné du petit trait qui le suit immédiatement, représenterait 51.

On voit facilement, d'après cela, que pour avoir un nombre composé d'un seul chiffre il faut prendre le grand trait qui accompagne ce chiffre (voyez fig. 7, échelle A), et que pour un nombre de deux chiffres il faut prendre un grand trait pour les dizaines, et un des petits traits qui sont à la droite du grand, pour les unités ; ainsi veut-on avoir le nombre 65, il faut aller au cinquième petit trait qui suit le grand trait numéroté *six*.

On concevra sans doute qu'après avoir écrit, par le procédé qu'on vient d'expliquer, les nombres de deux chiffres, on a pu passer à ceux de trois chiffres en intercalant entre chacun des traits de la deuxième espèce, neuf autres traits plus petits qu'eux pour représenter encore les nombres de 1 à 9. C'est aussi ce qu'on a fait quand la place l'a permis, et l'on en voit un exemple sur la ligne inférieure de la Règle dans l'intervalle compris entre les grands traits *un* et *deux* (voyez fig. 1).

Mais comme sur la Règle de 26 centimètres l'espace n'a pas toujours été assez grand pour recevoir les neuf traits de la troisième espèce (1), on a commencé par ne mettre ces traits que de deux en deux, et alors ils ont représenté les chiffres 2. 4. 6. 8.; tels sont ceux que l'on voit sur la ligne supérieure de la Règle entre *un* et *deux* (voy. fig. 7, échelle C.)

L'espace diminuant sensiblement à mesure qu'on avance vers la droite, on n'a pu mettre dans les intervalles de 2 à 5 qu'un seul trait de la troisième espèce : il représente là le chiffre 5 (fig. 7, échelle C.)

Dans les intervalles de 5 à 10 il n'y a point de trait de la troisième espèce (fig. 7, échelle C.)

On remarquera, d'après ce qui précède, que sur la Règle de 26 centimètres, au-delà du nombre *cent* les traits ne donnent les nombres que de deux en deux, jusqu'à 200; de cinq en cinq, depuis 200 à 500; de dix en dix, depuis 500 jusqu'à 1000.

12. Ainsi, pour avoir le nombre 101 , il faudra prendre la moitié de l'intervalle entre 100 et 102; pour avoir 201 on prendra la cinquième partie de l'intervalle entre 200 et 205 , et ainsi de suite. Par ce moyen l'on trouvera

---

(1) On voit par là que les résultats des opérations faites avec la Règle à Calcul , doivent être d'autant plus exacts que l'instrument est plus grand ; mais pour être portatives avec commodité, les Règles ne doivent pas dépasser 26 centimèt. , et l'expérience a prouvé que cette dimension pouvait suffire au commerce et aux arts.

Sur la Règle de M. Jomard (celle de 36 centimèt.) les échelles de la ligne supérieure sont divisées comme l'échelle inférieure de la Règle de 26 centimètres.

125 entre 124 et 126,
218 entre 215 et 220,
524 entre 520 et 530.

13. En général, pour les nombres qui tombent entre les traits, il faudra s'attacher à partager les intervalles aussi exactement que la vue le permettra; mais, pour plus de précision, l'on fera connaître un moyen facile de vérifier le dernier et même l'avant-dernier chiffre des résultats obtenus sur la Règle à Calcul.

Propriétés et usages de la Règle à Calcul.

14. La propriété fondamentale de la Règle à Calcul, c'est que tous les nombres que l'on peut lire sur la Coulisse, quelqu'avancée ou reculée qu'elle soit, sont avec tous les nombres qu'on peut lire au-dessus de chacun d'eux, sur la partie supérieure de la Règle, dans un même rapport géométrique : c'est-à-dire que, lorsque le nombre *un* de la Coulisse se trouve sous un nombre quelconque de la Règle, le nombre *deux* de la Coulisse qui est double du premier, se trouvera sous un nombre de la Règle deux fois plus grand que celui qui est au-dessus du nombre *un* de la Coulisse; le nombre *trois* se trouvera sous un nombre triple du premier; *quatre* sous un nombre quadruple, et ainsi de suite.

15. Cette propriété, dont la connaissance sert à comprendre le mécanisme de la Règle dans tous les Calculs, fournit le moyen de faire avec cet instrument toutes les réductions d'unité d'une espèce en unité d'espèces différentes, lorsqu'on connaît le rapport qui existe entre elles.

16. Par exemple, si l'on demandait combien 7 pieds valent en mètres, un pied étant égal à 3 décimètres 25 millimètres, ou ce qui est la même chose à 325

millimètres, il suffirait d'amener *un* pris sur la Coulisse au-dessous de 325, expression de la valeur du pied en millimètres, et tous les nombres de pieds pris sur la Coulisse auraient, pour correspondans à la partie supérieure de la Règle, l'expression de leur valeur en mètres ; ainsi on lirait : (Fig. 8.)

Lig. sup.	3.25	.650	.975	1.300	1.625	1.950	2.275	2.600	2.925
Coulisse.	1 pied	2	3	4	5	6	7	8	9

On voit qu'en cet état la Règle présente un tarif de réduction du pied en mètres, et parties décimales du mètre. Il en aurait été de même pour toute autre espèce de mesure, si l'on avait amené le curseur (1) *un*, sous le nombre exprimant la valeur de la mesure donnée, en unités de l'espèce cherchée.

17. Pour l'intelligence des exemples qui vont suivre, on joint ici un tableau des rapports les plus utiles à connaître.

RAPPORTS DIVERS.

Lieue de poste de 2000 toises, exprimée en kilomètres.	3. 90
Lieue terrestre de 2280 toises, de 25 au degré, en kilomètres.	4. 44
Lieue marine de 2850 toises, de 20 au	

---

(1) On a donné le nom de curseur au nombre *un* pris sur la Coulisse, parce qu'en effet, dans la plupart des Calculs, il court, c'est-à-dire il est amené au-dessus ou au-dessous des nombres sur lesquels on opère. Ainsi, dans la suite, au lieu d'employer ces mots : *Le nombre* un *pris sur la Coulisse,* on dira simplement *le curseur.*

On se dispensera aussi de répéter que les nombres, sous lesquels le curseur doit être amené, sont toujours à la partie supérieure de la Règle, et que ceux au-dessus desquels il peut être placé, doivent toujours être pris sur la ligne inférieure.

Fig. 8.

Réduction du pied-de-Roi en parties
décimales du mètre.

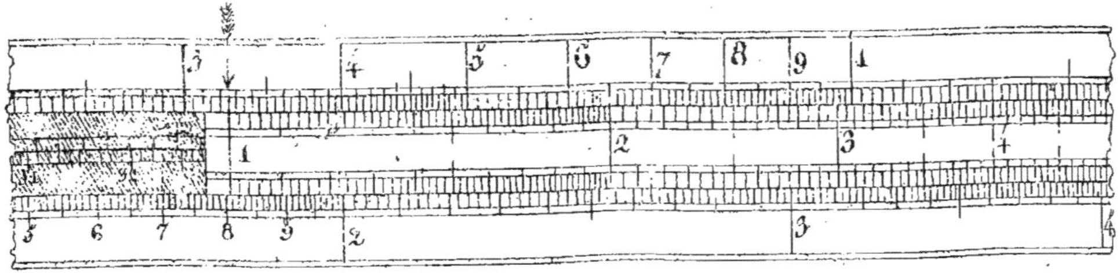

degré, en kilomètres 5. 56

Journal de 360 perches carrées de

  9 pieds et demi, en hectares. . . . . o. 34. 28

Arpent de 100 perches carrées de 22 p.^{ds},

  en hectares . . . . o. 51. 07

Aune de 3 pieds 7 pouces 10 lignes $\frac{85}{100}$,

  en mètres 1. 188

Toise, en mètres 1. 95

Toise carrée, en mètres carrés. 3. 8o

Toise cube, en mètres cubes. 7. 4o

Pied-de-roi, en décimètres. 3. 25

Pied carré, en décimètres carrés . . . 10. 55

Pied cube, en décimètres cubes. . . . 34. 27

Pouce, en centimètres. 2. 71

Pouce carré, en centimètres carrés. . . 7. 33

Pouce cube, en centimètres cubes. . . 19. 83

Ligne, en millimètres 2. 26

Pièce ou demi-queue de vin, en litres :

  A Reims 198

  A Bordeaux 201

  A Mâcon 213

  A Châlons 225

  A Beaune 228

  En Languedoc 274

  A Saint-Gilles 289

  A Orléans 228

Velte, en litres 7. 45

Livre (poids de table), à Montpellier,

  Avignon, Marseille 4o. 75

Livre (poids de table), à Lyon . . . 42. 45

Livre (poids de soie), en usage à Lyon . 46. »

Livre (poids de marc) . . . . 49. »

Once, en décagrammes 3. o6

Gros, en grammes 3. 82

Grain, en centigrammes 5. 31

1 *

POIDS SPÉCIFIQUES (1)

Eau distillée. . . . . 1. »
Eau de mer. 1. o3
Or 19. 25
Argent 10. 47
Plomb. 11. 35
Cuivre 8. 90
Fer. 7. 79
Étain. 7. 29
Marbre 2. 72
Pierre à bâtir. 2. 08
Bois de chêne. 1. 17
Rapport de la circonférence au diamètre. . 3.14

18. Si l'on amène le curseur sous o. 49, expression de la livre poids de marc, en kilogrammes, on aura un tarif pour transformer un nombre quelconque de livres en kilogrammes. (Fig. 9.)

Lig. sup.	0.49	0.98	1.47	1.96	2.45	2.94	3.43	3.92
Coulisse.	1 liv.	2	3	4	5	6	7	8

19. Si l'on demandait quelle est la grandeur d'une circonférence dont le diamètre est 5 pieds, il suffi-

---

(1) On appelle poids spécifique d'une substance, le nombre qui exprime le rapport du poids d'un volume déterminé de cette substance avec un pareil volume d'eau distillée, en d'autres termes, le nombre qui indique combien de fois un volume de la substance donnée pèse autant qu'un même volume d'eau distillée.

Ainsi, lorsqu'on dit que la pesanteur ou le poids spécifique de l'or est 19.25, cela signifie qu'à volume égal, ce métal est 19 fois 25 centièmes aussi lourd que l'eau distillée. Et comme un kilogramme est le poids d'un litre ou décimètre cube d'eau, il s'ensuit qu'un décimètre cube d'or doit peser 19 kilogrammes 25 décagrammes.

Réduction de la livre poids de marc
en kilogrammes.

rait d'amener le curseur sous 3.14, expression du rapport de la circonférence au diamètre, pour avoir non-seulement la grandeur de la circonférence dont il s'agit, mais encore un tarif des grandeurs de toutes les circonférences dont les diamètres seraient connus; ainsi on lirait :

Lig. supérieure.	3.14,	6.28,	9.42,	12.56,	15.70,	18.84,	21.98,	25.12,	28.26
Coulisse.	1	2	3	4	5	6	7	8	9

On voit que, dans l'exemple donné, la circonférence aurait pour grandeur 15 pieds 70 centièmes (environ 8 pouces.)

20. S'il était question de savoir combien pèse un bloc de marbre ayant 10 décimètres cubes de volume, lorsqu'un décimètre cube (ou litre) d'eau pèse un kilogramme, on amènerait le curseur sous 2.72, expression du rapport de la pesanteur du marbre comparé avec celle de l'eau, et tous les nombres de la Coulisse considérés comme exprimant des décimètres cubes en marbre, auraient, pour correspondans à la partie supérieure de la Règle, l'expression de leur poids en kilogrammes; ainsi on lirait :

Lig. sup.	2.72,	5.44,	8.16,	10.88,	13.60,	16.32,	19.04,	21.76,	24.48,	27.20
Coulisse.	1	2	3	4	5	6	7	8	9	10

Dans l'exemple donné, le poids du bloc de marbre serait 27 kilogrammes 20 décagrammes.

21. On peut encore, avec les tarifs que présente la Règle dans chaque position de la Coulisse, trouver les prix correspondans de deux choses dont on connoît le rapport.

Par exemple, si l'on demandait le prix d'un mètre carré d'ouvrage à raison de 15 fr. la toise carrée : on amènerait 3.80, expression du nombre de mètres carrés contenus dans une toise carrée, au-dessous de 15 fr. pris sur la ligne supérieure, et l'on aurait au-dessus du curseur, le nombre 3.95 qui exprime en francs la valeur d'un mètre carré d'ouvrage. Ainsi on lirait :

Ligne supérieure.	$x = 3.95$	15
Coulisse	1	3.80

22. On désigne ici le nombre cherché par la lettre x; le signe $=$ mis à côté signifie *égale* ; ainsi $x = 3.95$ veut dire x égale 3 fr. 95 c.

On sent que dans cette position la Règle donnerait le prix d'un nombre quelconque de mètres carrés, aussi bien que celui d'un seul mètre.

23. Si, en se servant d'une boussole ou d'un graphomètre dont le cercle serait divisé en 360 degrés, on avait trouvé que les ouvertures de plusieurs angles mesurés fussent, par exemple, de 36°, 45°, 54°, 81°, etc., etc., et qu'on voulût en énoncer la mesure en *grades*, c'est-à-dire en degrés dont il faut 400 pour la circonférence ou 100 pour le quart de cercle, il suffirait d'amener 360 sous 400 ou 90 sous 100 : et en prenant sur la Coulisse tous les angles mesurés en degrés de 360, on aurait à la ligne supérieure, au-dessus de chacun d'eux, leur valeur en degrés de 400 ou *grades*. On lirait ainsi :

Lig. sup.	400	$x = 40$	$x = 50$	$x = 60$	$x = 90$
Coulisse.	360	36	45	54	81

Il a paru inutile d'insister plus long-temps sur un article facile à comprendre : le tableau des rapports fournissant le moyen de s'exercer par un grand nombre d'exemples.

De la Multiplication.

24. Pour multiplier deux nombres l'un par l'autre, par le moyen de la Règle à Calcul, il faut amener

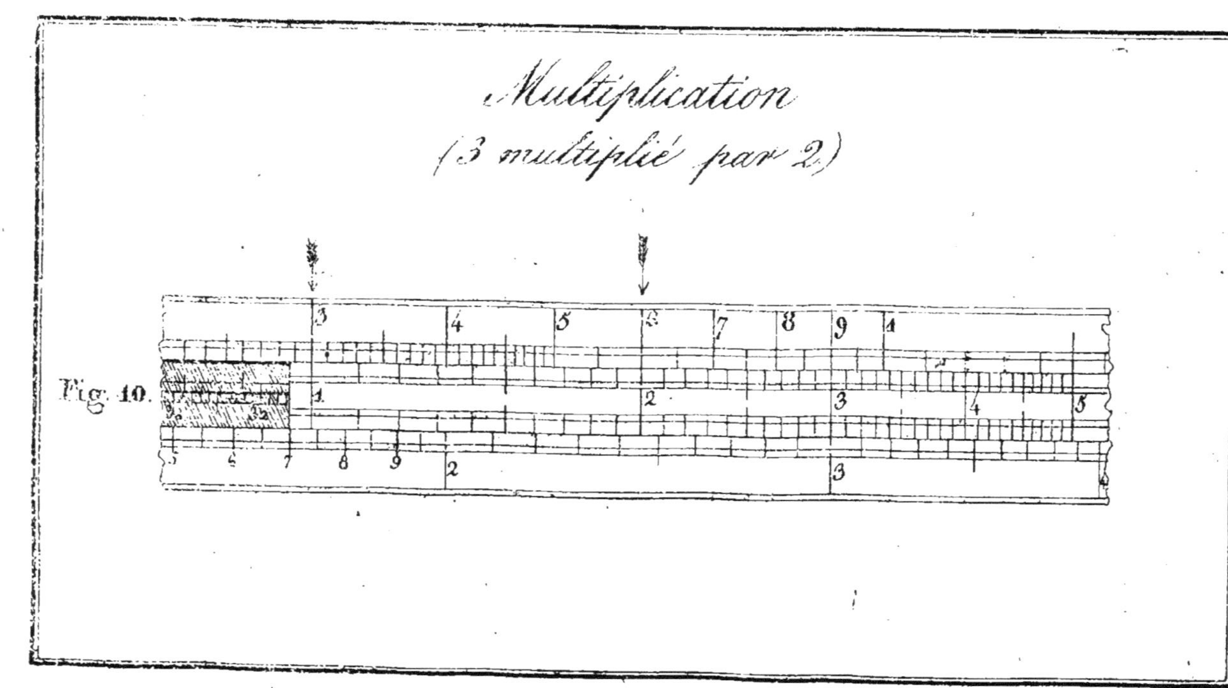

Multiplication
(3 multiplié par 2)
Fig. 10.

le curseur sous l'un de ces nombres, et l'autre nombre pris sur la Coulisse aura, pour correspondant dans la ligne supérieure, le produit de la multiplication.

Exemple : On veut multiplier 2 par 3. Amenant le curseur sous l'un des deux nombres (sous 3 par exemple), au-dessus de l'autre nombre, 2, pris sur la Coulisse, on lit le produit cherché qui est 6. (Fig. 10.)

25. Pour exprimer d'une manière plus simple l'opération relative à la multiplication, on se contentera désormais d'écrire les nombres de la Coulisse au-dessous de ceux qui doivent leur correspondre sur la partie supérieure de la Règle; le produit ou nombre cherché sera toujours désigné par la lettre x, à côté de laquelle on écrira le nombre obtenu ; ainsi l'exemple précédent de la multiplication de 2 par 3, s'écrira de la manière suivante :

Ligne supérieure.	3	$x = 6$
Coulisse	1	2

Exemple 2.e On demande combien font 9 fois 7 ?

Lig. sup.	7	$x = 63$
Coulisse.	1	9

Exemple 3.e Combien font 35 fois 40 ?

Lig. sup.	35	$x = 1400$
Coulisse.	1	40

Exemple 4.e Quel est le produit de la multiplication de 49 par 37 ?

Lig. sup.	49	$x = 1813$
Coulisse.	1	37

26. Il est à remarquer que dans la Règle portative de 26 centimètres on ne trouve pas le nombre 1813 ;

on voit seulement que le produit cherché tombe dans l'espace compris entre 1800 et 1820, et à très-peu de chose près au milieu de cet espace, qui correspond au nombre 1810. Il n'y a donc d'incertitude que sur la valeur du dernier chiffre ; mais il est facile de le déterminer de la manière suivante :

27. On sait que dans tout produit de la multiplication de deux nombres, le dernier chiffre est le résultat de la multiplication des unités d'un des nombres par les unités de l'autre nombre. Dans l'exemple précédent, 9 exprime les unités du premier nombre, et 7 exprime celles du deuxième. Or 7 multiplié par 9 égale 63, d'où l'on voit que le dernier chiffre du produit de 49 par 37 est un 3.

28. Le produit de la multiplication de deux nombres doit avoir ou autant de chiffres que les deux nombres ensemble, ou un chiffre de moins que ces deux nombres.

On connaît que le produit doit avoir un chiffre de moins, lorsqu'il se trouve dans la même échelle c'est-à-dire dans la même moitié de la Règle que le multiplicande (celui des facteurs sous lequel on a amené le curseur.)

Ainsi, dans la multiplication de 3 par 2, on a pour produit le nombre *six* qui se trouve dans la même échelle que le nombre 3, et qui, suivant ce qui a été observé, contient un chiffre de moins que les deux nombres de la multiplication pris ensemble.

Lorsqu'au contraire le multiplicande et le produit ne se trouvent pas dans la même échelle, on est assuré que le produit est composé d'autant de chiffres qu'il y en a tant dans l'un que dans l'autre des nombres ou facteurs de la multiplication.

Ainsi, dans la multiplication de 35 par 40, on aura pour produit le nombre 1400, qui, se trouvant dans une autre échelle que le nombre 35 , sera en conséquence composé d'autant de chiffres qu'il y en a tant dans le multiplicande que dans le multiplicateur.

29. On remarquera facilement que les multiplications opérées sur la Règle, par les moyens qui ont été indiqués , ne sont que des conséquences de la propriété fondamentale de cette Règle , qu'on a énoncée plus haut (n.º 14), en disant que tous les nombres de la Coulisse étaient toujours dans un même rapport , chacun à chacun , avec tous les nombres qui leur correspondent sur la partie supérieure de la Règle.

En effet, pour faire la multiplication de 49 par 37 , on a amené *un* de la Coulisse , sous 49 de la Règle , puis au-dessus de 37 pris sur la Coulisse, on a cherché le produit ; ce qui n'était autre chose que chercher un nombre qui contînt 37 autant de fois que 49 contenait *un* , c'est-à-dire qui fût avec 37 dans le même rapport géométrique , que 49 était avec *un*.

30. Les multiplications des nombres accompagnés de parties décimales se font sur la Règle , de la même manière que celles des nombres simples.

Exemple 5.e Quel est le produit de la multiplication de 4.25 par 3.50 ?

Lig. sup.	4.25.	$x = 14.87$
Coulisse.	I	3.50

31. En général on se contente d'une approximation pour les centimes, et sur la Règle portative de 26 centimètres il est quelquefois difficile, en opérant, comme dans l'exemple précédent, de déterminer, avec une rigoureuse précision, le nombre exact de ceux qui accompagnent un produit. Cependant comme il est des circonstances dans la pratique des arts où la plus légère différence présenterait de graves

inconvéniens dans les résultats, il faut connaître le moyen d'obtenir au besoin des produits exacts; voici comment on y parvient:

On retranche les décimales du multiplicande, et l'on opère sur le nombre entier seulement; lorsqu'on a le produit, on multiplie les décimales que l'on avait retranchées, et l'on ajoute leur produit à celui du nombre entier. Ce total offre le produit rigoureusement exact de la multiplication.

Exemple 6.ᵉ On demande quelle sera la grandeur de la circonférence d'une roue d'engrenage, qui doit avoir à sa surface courbe extérieure, 39 dents ayant chacune, y compris l'intervalle, une épaisseur de 2 centimètres et 2 millimètres et demi, ou 0.$^{\rm m}$ 0225.

On voit facilement que la question se réduit à savoir combien font 39 fois 2 centimètres et 2 millimètres et demi.

Multipliant 39 par 2 on aura :

Lig. sup.	39		$x = 78$
Coulisse.	1		2

Sachant que le produit du nombre entier (2 centimètres) est 78, on multipliera 2 $^{1}/_{2}$ millimètres ou 0.$^{\rm m}$ 0025 par 39, et l'on aura :

Lig. sup.	0.$^{\rm m}$ 0025		$x = 0.^{\rm m} 0.975$
Coulisse.	1		39

En ajoutant 0.78   produit du chiff. entier (2 centim.) à . . . . . .0.0975 produit des chiffres décimaux, on aura. . .0.8775 (8 décimèt. 77 $^{1}/_{2}$ millim.) pour expression très-exacte de la grandeur demandée.

32. La double opération que l'on vient de faire sert aussi à trouver le produit des nombres com-

posés de trop de chiffres pour être multipliés d'un seul coup sur la Règle de 26 centimètres.

Exemple 7.e Combien produiraient 3143 multipliés par 23 ?

En séparant les 2 derniers chiffres à gauche, on aura 31.43.

Multipliant 31 par 23, on aura sur la Règle :

Lig. sup.	31	$x = 713$
Coulisse.	1	23

Multipliant ensuite 43 par 23, on aura :

Lig. sup.	43	$x = 989$
Coulisse.	1	23

En considérant 989 comme produit de 2 chiffres décimaux, ce nombre ne vaudrait plus que 9.89 qui, étant ajoutés au premier produit 7.13, feraient un total de 722.89; mais comme il n'y a réellement point de chiffres décimaux dans l'opération, il faut retrancher la virgule, et l'on a 72,289, nombre qui exprime exactement le produit de 3143 multipliés par 23.

33. Cette méthode peut étendre beaucoup les usages de la Règle à Calcul, sans ralentir sensiblement les opérations. Mais lorsque les produits ne sont pas composés de plus de 4 chiffres, c'est-à-dire tant qu'ils ne dépassent pas *dix mille*, on a recours à un moyen plus simple qui consiste à déterminer l'avant-dernier chiffre du nombre cherché, en ajoutant le dernier chiffre du produit des dizaines à l'avant-dernier chiffre du produit des unités.

Ceci va s'éclaircir par un exemple :

On demande combien font 32 fois 87 ?

En amenant le curseur sous 32, on voit au-dessus de 87 un nombre qui doit être (n.° 28) composé de

4 chiffres, dont le dernier (n.° 27) sera 4, et dont les 2 premiers sont 2 et 7; ainsi l'on a déjà 2704, mais l'on voit très-bien que le troisième chiffre ne peut pas être un *zéro*, on distingue même qu'il doit valoir plus de 5, et l'on pourrait dire qu'il n'y a d'incertitude que pour savoir si c'est un 8 ou un 9.

On a dit que, pour déterminer ce chiffre, il fallait *ajouter le dernier chiffre du produit des dizaines à l'avant-dernier chiffre du produit des unités :* or, dans l'exemple donné, 7 représente les unités, et 8 les dizaines.

Multipliant mentalement 32 par 7, on dira : sept fois 2 font 14, on pose 4 et l'on retient 1 ; sept fois 3 font 21 et un retenu font 22 ; on ne s'occupe que du dernier chiffre 2 qui est *l'avant-dernier chiffre du produit des unités.*

Passant aux dizaines, on dira : 8 fois 2 font 16, et l'on verra par là que *le dernier chiffre du produit des dizaines* est un 6.

Ajoutant ce *dernier chiffre* 6 à *l'avant-dernier chiffre* 2, on aura 8 qui est précisément le chiffre que l'on voulait déterminer, et par ce moyen l'on verra que le produit de 32 par 87 est 2784.

Cette méthode, dont l'explication exigeait quelques développemens, présente de très-grands avantages dans la pratique, et n'offre aucune difficulté dès qu'on s'y est exercé deux ou trois fois.

De la Division.

34. Pour faire une division avec la Règle à Calcul, on amènera (1) le diviseur sous le dividende,

---

(1) On remarquera que le mot *amener* se rapportant toujours à la partie mobile de l'instrument, c'est-à-dire à la Coulisse, il s'ensuit que tout nombre qui doit être *amené* ne peut être pris que sur la Coulisse.

Division
(9 divisé par 3) 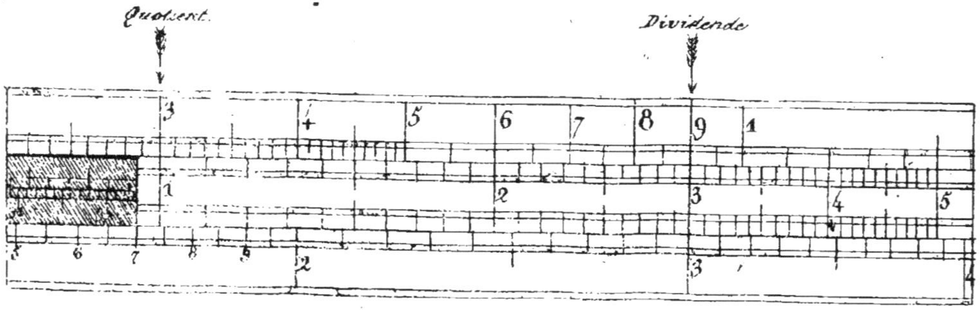
Quotient.
Dividende.
Fig. 11.

et le quotient ou nombre cherché se trouvera au-dessus du curseur.

Exemple : Combien de fois 3 est-il contenu dans 9 ?

Lig. sup.	$x = 3$	9	
Coulisse.	I	3	(Fig. 11.)

Exemple 2.e Quel est le quotient de la division de 990 par 45 ?

(1) Lig. sup.	$x = 22$	990
Coulisse.	1	45

Exemple 3.e On propose de partager 52 livres de viande en 80 portions ; ce qui revient à diviser 52 par 80. Quel sera le poids de chaque portion ?

Ligne sup.	$x = 65$ centièmes	52
Coulisse. .	I	80

35. Rien n'indique sur la Règle que le quotient 65 exprime des centièmes plutôt que des unités ; mais on doit supposer que les personnes qui feront usage de cet instrument, auront assez d'intelligence pour ne pas donner au nombre qu'elles liront une valeur dix ou cent fois trop grande ou trop petite, ce qui arriverait infailliblement si l'on ne plaçait pas men-

---

(1) On aura pu remarquer encore dans la division opérée par la Règle à Calcul, l'effet de la propriété fondamentale qu'on a déjà fait connaître, et que l'on pourrait appeler propriété *proportionnelle*. En effet : lorsqu'on a voulu, dans le deuxième exemple, diviser 990 par 45, on a cherché à faire 45 parties du nombre 990, et chaque partie devait être 45 fois plus petite que le nombre à partager ; or, d'après la loi propor-tionnelle, 45 étant amené sous 990, un nombre 45 fois plus petit que 45, c'est-à-dire *un*, devait se trouver sous un nombre 45 fois plus petit que 990, c'est-à-dire sous le nombre 22.

talement dans les nombres obtenus, une virgule pour en séparer les chiffres décimaux.

36. On veut planter 43 arbres à égale distance les uns des autres, sur une ligne de 215 mètres de longueur, de manière que le premier et le dernier arbre soient aux deux extrémités de la ligne ; on demande quel intervalle il faut mettre entre chaque arbre.

Il est visible, d'après la manière dont la question est posée, qu'il doit y avoir un intervalle de moins que le nombre des arbres à planter, puisqu'un intervalle est l'espace compris entre deux arbres, deux intervalles les espaces entre trois arbres, et qu'ainsi de suite le nombre des arbres surpasse toujours d'*un* celui des intervalles.

Dès-lors pour connaître la distance qui doit régner entre les 43 arbres, il faut diviser la longueur 215 mètres par 42, ce qui donnera sur la Règle :

Lig. sup. $x = 5^{m}. 119$ 215

Coulisse.   1   42

La distance d'un arbre à un autre sera 5 mètres et 119 millimètres.

37. Lorsque le quotient d'une division est exprimé par un nombre entier accompagné de chiffres décimaux, ces derniers ne sont souvent indiqués que par une approximation dont on se contente dans la plupart des cas ; mais comme il est des circonstances où l'on doit opérer avec plus d'exactitude, on va faire connaître une méthode qui ne laisse rien à désirer à cet égard.

L'exemple suivant la fera suffisamment comprendre :

Exemple : On demande combien de fois 12 est contenu dans 77 ?

En amenant 12 sous 77 on verra au‑dessus du curseur le chiffre 6 accompagné de 4 dixièmes, on négligera momentanément ces dixièmes, et l'on multipliera le quotient 6 par le diviseur 12. Cette opération donnera pour produit 72, d'où l'on conclura que pour que 6 soit le quotient exact il faudrait que le dividende fût 72 au lieu d'être 77, c'est‑à‑dire qu'il eût 5 unités de moins. On divisera ensuite ce reste de 5 unités par 12, et le quotient de cette nouvelle division exprimera, à un millième près, la valeur des décimales qui doivent accompagner le chiffre 6 pour qu'il soit le quotient exact de la division de 77 par 12.

Ainsi en opérant de la manière ordinaire on aurait :

Ligne sup.	$x = 6.4$	77
Coulisse..	1	12

Et en cherchant, d'après le moyen qu'on vient d'expliquer, quelle est au juste la valeur de la fraction qui accompagne le quotient 6, on trouvera :

Lig. sup.	$x = 0.416$	5
Coulisse.	1	12

On voit que la différence est de 16 millièmes ou un peu plus d'un centime et demi, ce qui, dans plusieurs circonstances, ne doit pas être négligé.

Appendice à la Multiplication et à la Division.

38. Les multiplications et les divisions peuvent encore se faire avec la Règle à Calcul, en renversant la Coulisse (le curseur à droite et le bouton à gauche), ce qui n'amènera d'autre difficulté que de lire à l'envers les chiffres qui y sont marqués. Mais cette méthode étant toujours un peu plus longue que

l'autre, à cause du renversement de la Coulisse, ne doit être employée que dans un petit nombre de cas où elle présente des avantages évidens. On en trouvera les exemples dans cette instruction.

Pour faire la multiplication de cette manière, on amène le multiplicateur sous le multiplicande, et le produit se lit au-dessus du curseur ; ainsi, pour multiplier 18 par 7, on aurait : (fig. 12.)

Ligne supérieure. .	$x = 126$	18
Coulisse renversée.	I	7

Pour faire la division, on amène le curseur sous le dividende, et l'on a le quotient au‑dessus du diviseur ; ainsi, pour diviser 54 par 18, on ferait : (fig. 13.)

	Lig. supérieure. . .	54	$x = 3$
(1)	Coulisse renversée.	1	18

39. Il arrive souvent que, dans le cours d'une opération, le même nombre doive être, de suite,

---

(1) Lorsque la Coulisse est droite, les nombres sous lesquels peut se trouver le curseur seront, ce cas arrivant, multipliés par tous ceux qu'on peut lire sur la Coulisse. Par une propriété analogue, quand la Coulisse est renversée le nombre sous lequel se trouve le curseur est divisé par tous les nombres de la Coulisse , et l'on peut lire au‑dessus de chacun d'eux le quotient de chaque division.

Si donc , après avoir renversé la Coulisse , on amène le curseur , par exemple, sous le nombre 24 , on aura :

Ligne supérieure...	24	$x=3$	$x=4$	$x=6$	$x=8$	$x=12$
Coulisse renversée.	I	8	6	4	3	2

Si la Coulisse eût été droite, on aurait eu :

Lig. sup.	24	$x=48$	$x=72$	$x=96$	$x=120$
Coulisse..	I	2	3	4	5

Fig. 12.

Coulisse renversée.
Multiplication de 13 par 7.

Fig. 13.

Division de 54 par 18.

Multiplication et division immédiates d'un
nombre par deux autres nombres.

(4 divisé par 3, multiplié par 9)

Fig. 14.

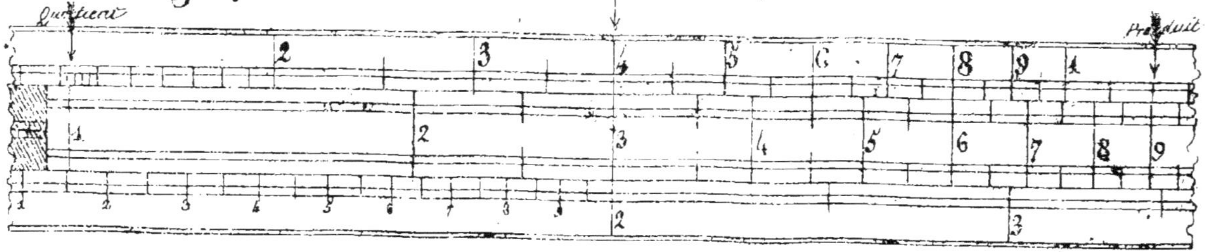

multiplié et divisé par d'autres nombres, c'est-à-dire que le produit de la multiplication d'un nombre par un autre doive être immédiatement divisé par un troisième nombre; ou, ce qui est la même chose, que le quotient de la division d'un nombre par un autre doive être immédiatement multiplié par un troisième.

Cette double opération n'en fait qu'une seule avec la Règle à Calcul.

On la fait en amenant le diviseur sous le nombre donné (celui qu'on veut diviser et multiplier ou *vice versâ*), et le résultat se lit sur la ligne supérieure au-dessus du multiplicateur pris sur la Coulisse.

Exemple 1.ᵉʳ On demande la valeur de 4 divisé par 3, multiplié par 9.

En amenant 3 sous 4 (fig. 14), on aura le résultat sur la ligne supérieure au-dessus de 9.

Lig. supérieure.	4	$x = 12$
Coulisse........	3	9

Exemple 2.ᵉ Quel est le produit de 54 multiplié par 35, divisé par 42?

Lig. supérieure.	54	$x = 45$
Coulisse.......	42	35

40. On voit (fig. 14) que la Règle présente tout à la fois le quotient de la division du nombre donné, 4, par le diviseur, 3, et le produit de la multiplication de ce quotient par le multiplicateur, 9, lequel produit est le résultat définitif de l'opération.

Mais si, avec ce résultat définitif, on voulait avoir, au lieu du quotient de 4 divisé par 3, le produit de la multiplication de 4 par 9, il faudrait renverser la Coulisse (n.º 38), puis amenant le multiplicateur 9 sous le nombre donné 4, on aurait le produit de ces deux nombres au-dessus du curseur, et le résultat définitif de l'opération au-dessus du diviseur, 3 ; ainsi la Règle présenterait :

Ligne supérieure.	$x = 36$	4	$x = 12$
Coulisse renversée.	1	9	3

Voici des exemples de l'usage et de l'utilité des division et multiplication immédiates.

41. On demande quelle est la surface en pieds, d'une planche qui a 18 pieds de longueur sur 9 pouces de largeur ?

On voit facilement qu'on aura la réponse à la question en multipliant 18 (pieds) par 9 (pouces), comme si ces nombres exprimaient des unités de même espèce, et en divisant par 12 le produit obtenu ; on trouvera donc sur la Règle la surface demandée, en faisant :

Lig. sup.	18	$x = 13$. 50 ou 13 p. 6. p.
Coulisse.	12	9

42. Si l'on voulait savoir combien 30 pièces de 5ᶠ. 80 valent de pièces de 5ᶠ., on multiplierait d'abord 5ᶠ. 80 par 30 pour connaître la somme totale ; divisant ensuite ce produit par 5, le quotient exprimerait le nombre de pièces de 5ᶠ. à donner en échange.

En renversant la Coulisse et en amenant 30 sous 5.80, on verra tout à la fois la valeur des 30 pièces de 5ᶠ. 80 au-dessus de *un*, et le nombre des pièces de 5ᶠ. équivalentes au-dessus du chiffre 5 ; ainsi l'on aura :

Lig. supérieure.	$x = 174$	$x = 34.80$	5.80
Coulisse renver.	1	5	30

Les

Fractions.
Expressions de la fraction 1/4.
Fig. 13.

Les 30 pièces de 5^f. 80 valent 174^f. qui représentent 34 pièces de 5^f., plus 80 centièmes, c'est-à-dire 4 francs.

43. Une roue d'engrenage de 1 mètre et demi de diamètre doit avoir 73 dents à sa surface courbe extérieure; on demande quelle sera (intervalle compris) l'épaisseur de chaque dent?

L'opération consiste à multiplier le diamètre 1^m. 50 par 3.14 pour avoir la grandeur de la circonférence, et à diviser cette grandeur par 73 pour obtenir l'épaisseur de chaque dent.

En renversant la Coulisse, et en amenant 3.14 sous le diamètre 1.50, on aura la grandeur de la circonférence au-dessus de *un*, et l'épaisseur de chaque dent au-dessus de 73; ainsi l'on verra :

Lig. supérieure.	$x=$4.710	$x=$0.0645	1.50
Coulisse renver.	1	73	3.14

La grandeur de la circonférence est 4 mètres 710 millimètres, et l'épaisseur de chaque dent 64 millimètres et demi.

Des Fractions.

44. Les fractions sont écrites avec la Règle à Calcul, lorsqu'on amène le dénominateur sous le numérateur.

Toutes leurs expressions sont données en même temps par tous les nombres de la ligne supérieure, qui correspondent avec ceux de la Coulisse.

Exemple : Si l'on veut exprimer la fraction $\frac{1}{4}$, on amènera le dénominateur 4 sous le numérateur *un*, et l'on pourra lire tout à la fois : (Fig. 15.)

$$\frac{1}{4} \quad \frac{2}{8} \quad \frac{3}{12} \quad \frac{4}{16} \quad \frac{5}{20} \quad \frac{6}{24} \quad \frac{7}{28} \quad \frac{8}{32} \quad \frac{9}{36} \quad \frac{10}{40} \quad \text{etc.}$$

Les fractions se trouvant ainsi exprimées de toutes les manières en même temps, ón voit que, pour avoir *la plus simple expression*, il suffit de prendre celle qui a le plus petit numérateur.

45. *La réduction des fractions au même dénomi-teur* n'offre pas plus de difficulté; car chaque fraction étant exprimée sous tous les dénominateurs en même temps, il ne faut que regarder sur la ligne supérieure le nombre correspondant au dénominateur que l'on aura choisi sur la Coulisse; ce nombre sera le numérateur de la fraction.

Exemple : On propose de réduire les fractions $^2/_3$ et $^3/_4$ au même dénominateur 12.

Pour y parvenir on écrira la première fraction $^2/_3$ en amenant 3 sous 2; puis cherchant quel est le nombre de la ligne supérieure qui correspond avec 12 pris sur la Coulisse, on trouvera 8 qui sera numérateur de la fraction $^8/_{12}$. On écrira ensuite la fraction $^3/_4$, et au-dessus du dénominateur 12 pris sur la Coulisse, on trouvera le numérateur 9, ce qui produira la fraction $^9/_{12}$.

46. Le système décimal étant généralement adopté et présentant beaucoup d'avantages pour les calculs, il faut de préférence réduire les fractions à leur expression décimale, ce qui se fait en prenant pour numérateur le nombre correspondant au curseur qui représente alors 10, ou 100, ou 1000, et devient le dénominateur de la fraction.

Par ce moyen les fractions,

$$^1/_2 \quad ^1/_4 \quad ^2/_3 \quad ^3/_4 \quad ^5/_8 \quad ^7/_8 \text{, etc.}$$

seront : 0.50 0.25 0.666   0.75 0.625 0.875, etc.

Dans la plupart des calculs on néglige, comme peu important, le troisième chiffre décimal qui exprime des millièmes, et l'on se contente des résultats en centièmes.

Il est utile de réduire en décimales, avant toutes opérations, les fractions qui accompagnent les nombres sur lesquels on veut calculer avec la Règle. Ainsi lorsqu'on aura, par exemple, 3 pieds 7 pouces, on trouvera en écrivant la fraction $^7/_{12}$ que les 7 pouces valent 583 millièmes de pied.

S'il y avait des lignes avec les pouces, il faudrait donner à la fraction le dénominateur de la plus petite espèce : ainsi, par exemple, pour 7 pouces 8 lignes, au lieu d'écrire la fraction en douzièmes, on l'exprimerait en cent quarante-quatrièmes de pied, c'est-à-dire en lignes; et comme 7 pouces 8 lignes valent 92 lignes, on aurait sur la Règle :

Lig. sup.	92		$x = 0.645$
Coulisse.	144		1000

On voit que la valeur décimale des 7 pouces 8 lignes est 645 millièmes de pied.

Quand les résultats sont obtenus, il est souvent nécessaire de ramener les fractions décimales qui peuvent les accompagner, à leur expression usuelle : par exemple, lorsqu'on a trouvé qu'une grandeur était 10 toises 68 centièmes, il est bon d'indiquer en pieds et pouces la valeur des 68 centièmes de toise.

On connaîtra exactement cette valeur en pouces (soixante douzièmes de toise) en faisant :

Lig. sup.	68		$x = 49$
Coulisse.	100		72

On voit que les 68 centièmes valent 49 soixante douzièmes de toise, c'est-à-dire 49 pouces ou 4 pieds un pouce.

De la Multiplication des Fractions.

47. Pour *multiplier un nombre entier par une fraction*, il suffit d'écrire la fraction comme il est dit n.° 44, et le résultat, ou nombre cherché, se trouve sur la ligne supérieure au-dessus de celui qu'on a voulu multiplier.

Exemple : Quel est le produit de 540 multiplié par $^3/_4$, ou en d'autres termes, quels sont les $^3/_4$ de 540 ? (Fig. 16.)

Lig. sup.	3	$x = 405$
Coulisse.	4	540

48. Pour *multiplier une fraction par une fraction*, il faut écrire une des fractions (n.° 44), et l'on aura le produit sur la ligne supérieure au-dessus de l'expression décimale de l'autre fraction.

Exemple : Quel est le produit de la multiplication de la fraction $^5/_8$ par la fraction $^2/_3$?

L'expression de $^5/_8$ en décimales est 0.625 (n.° 46); ainsi l'on aura sur la Règle :

Lig. sup.	2	$x = 0.416$
Coulisse.	3	0.625

De la Division des Fractions.

49. Si l'on avait *un nombre entier à diviser par une fraction*, il faudrait écrire la fraction (n.° 44), et l'on aurait sur la Coulisse le quotient cherché au-dessous du nombre qu'on aurait voulu diviser.

Exemple : Quel est le quotient de la division du nombre 12 par la fraction $^5/_7$? (Fig. 17.)

Lig. sup.	5	12
Coulisse.	7	$x = 16.80$

Fractions.
Multiplication du nombre entier 540 par la fraction 3/4.
Fig. 16.
produit.
Division du nombre entier 12 par la fraction 5/7.
Fig. 17.

5o. Pour *diviser une fraction par une fraction*, il faut écrire (n.º 44) la fraction diviseur, et l'on aura le quotient sur la Coulisse au-dessous de l'expression décimale de la fraction dividende.

Exemple : Quel est le quotient de la fraction $^5/_6$ divisée par la fraction $^7/_8$?

L'expression décimale de la fraction $^5/_6$ est o.835 (n.º 46); ainsi l'on aura sur la Règle :

Lig. sup.	7	o.835
Coulisse.	8	$x = $o.955

51. S'il fallait diviser une fraction par un nombre entier, on réduirait la fraction en décimales, et l'on opérerait comme pour la division de deux nombres entiers.

Exemple : Quel est le quotient de la division de la fraction $^3/_4$ par le nombre 5 ?

En écrivant la fraction $^3/_4$, on verra que son expression décimale est 75 centièmes; on aura donc pour la division :

Lig. sup.	$x = $o.15	o.75
Coulisse.	1	5

De la formation des Nombres carrés, et de l'extraction de leurs Racines.

52. On sait que le *carré* d'un nombre est le produit de ce nombre multiplié par lui-même; et que la *racine* d'un carré est le nombre qui, multiplié par lui-même, a produit ce carré.

53. Lorsque la Coulisse est placée de manière que tous ses chiffres correspondent à ceux de la ligne supérieure, ce qui a nécessairement lieu si l'on amène le premier *un* de la Coulisse sous le premier

un de la Règle, l'instrument présente un tableau de tous les nombres carrés, et de chacune de leurs racines. (Fig. 1.)

54. Les nombres de la ligne inférieure sont les racines carrées de tous les nombres qui leur correspondent sur la Coulisse.

55. Réciproquement les nombres de la Coulisse sont les carrés de tous les nombres de la ligne inférieure qui se trouvent au-dessous d'eux, chacun à chacun. (1)

56. Il faut remarquer que, pour lire ainsi les carrés et leurs racines, on doit considérer les deux échelles de la Coulisse comme n'en faisant qu'une seule, dont la première moitié représente des unités, et la deuxième des dizaines (2). Sans cette précaution les nombres de la Coulisse ne correspondraient plus avec ceux de la ligne inférieure qui ne forme qu'une seule échelle.

Exemple : On demande la racine carrée de 4.

En prenant ce nombre sur la première échelle de la Coulisse, on trouve qu'il correspond avec 2 qui exprime bien sa racine carrée. Au contraire, si on l'avait pris sur la seconde échelle, on aurait vu qu'il correspondait avec 6.33 qui est la racine carrée de 40.

---

(1) Les mêmes rapports existent entre les nombres de la ligne inférieure et ceux de la ligne supérieure.

(2) Plus simplement encore, on peut dire que la première échelle de la Coulisse présente les nombres carrés qui contiennent un nombre impair de chiffres, et que la seconde échelle renferme ceux dont les chiffres sont en nombres pairs. Ainsi, lorsqu'on cherchera la racine carrée de nombres tels que 5, 3.76, 8.90, 0.07, 0.0681, il faudra prendre ces nombres sur la première échelle; mais si l'on voulait obtenir les racines de 24, 38.60, 0.1970, 0.0019, ces nombres devraient être pris sur la seconde échelle.

57. *Les nombres moindres de cent* ne peuvent avoir qu'un chiffre entier à leur racine carrée.

Les nombres supérieurs à cent, mais moindres de dix mille, auront deux chiffres entiers à leur racine.

Les nombres depuis dix mille jusqu'à un million exclusivement, auront trois chiffres entiers à leur racine.

Voici un exemple de l'usage des racines carrées :

On doit planter 1369 arbres en quinconce, dans un terrain carré ayant 100 mètres de longueur sur chaque côté ; on demande à quelle distance les arbres seront les uns des autres.

Le nombre d'arbres compris dans chaque rangée doit être la racine carrée du nombre total des arbres : or, comme tous les arbres doivent être à distance égale, il suffira, pour répondre à la question, de connaître la distance qui sépare les arbres d'une seule rangée. L'opération se réduira donc à diviser la longueur (100 mètres) d'un des côtés du carré en autant de parties que l'indiquera la racine carrée du nombre d'arbres à planter, c'est-à-dire à diviser le nombre 100 (mètres) par la racine carrée de 1369 (arbres.)

En cherchant cette racine comme il a été dit ci-dessus, on trouvera 37 qui est le nombre d'arbres à planter sur chaque rangée. Divisant ensuite 100^m. par 37, on aura pour quotient 2^m. 702, c'est-à-dire un peu plus de 2^m. 7 décimètres, ce qui exprime tout à la fois la distance comprise entre chaque arbre, et la longueur du côté de chacun des carrés au milieu desquels les arbres seront plantés.

Dé la formation des Nombres cubes, et de l'extraction de leurs Racines.

58. On sait que le cube d'un nombre est le produit de ce nombre multiplié deux fois de suite par lui-même ; et que la racine cubique est le nombre qui, multiplié deux fois de suite par lui même, a produit le cube.

59. Si l'on amène le curseur au-dessus d'un nombre quelconque de la partie inférieure de la Règle, le même nombre pris sur la Coulisse aura son cube pour correspondant sur la ligne supérieure.

Exemple : Quel est le cube de 6 ? (Fig. 18.)

Lig. supérieure...	$x = 216$	
Coulisse.........	6	I
Lig. inférieure...		6

6o. En partant de ce principe, il suffirait, pour extraire la racine cubique d'un nombre quelconque pris sur la ligne supérieure, de disposer la Coulisse de manière que le même nombre se trouvât, 1.° sur la Coulisse au bas du nombre dont on cherche la racine ; 2.° sur la ligne inférieure au bas du curseur. Ainsi, dans le cas de l'exemple précédent, si l'on cherchait la racine cubique de 216, il faudrait placer la Coulisse de manière que le même nombre se trouvât, 1.° sous 216; 2.° sous le curseur, et l'on verrait que le nombre 6 est le seul qui réunisse les conditions exigées.

Mais comme cette méthode obligerait à des tâtonnemens toujours longs, on va en indiquer une beaucoup plus simple et plus expéditive.

61. On renversera la Coulisse (n.° 38), ensuite

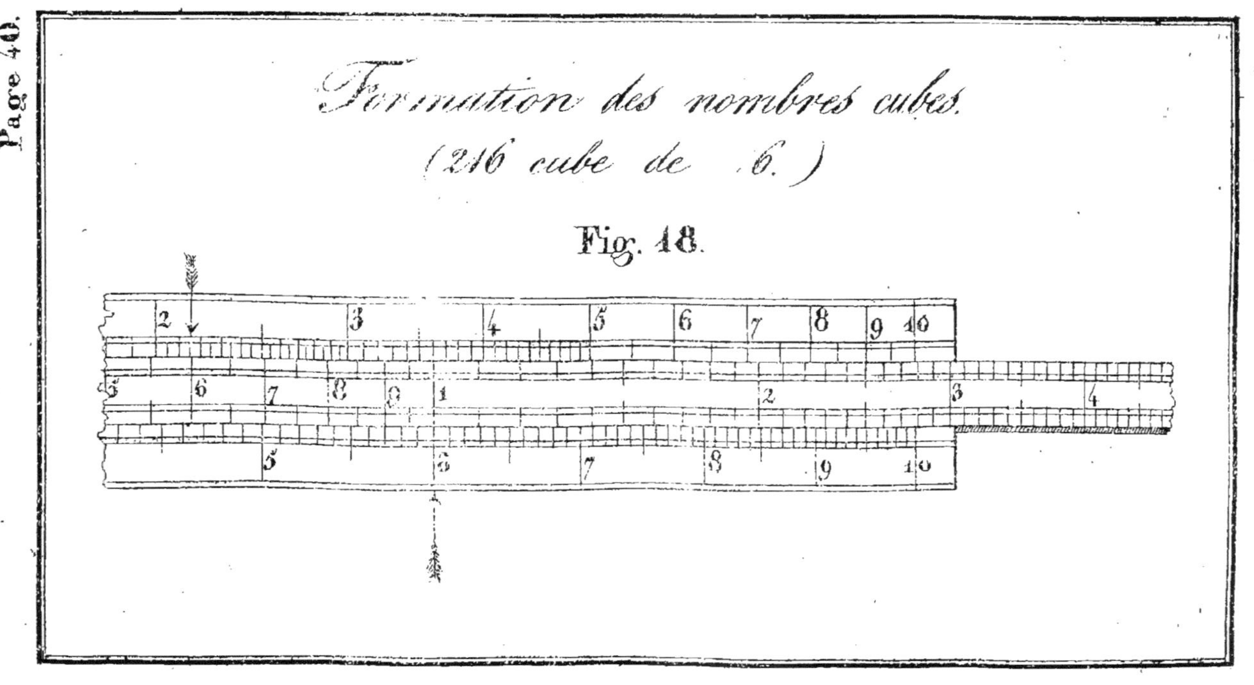

Formation des nombres cubes.
(216 cube de 6.)
Fig. 18.

Extraction des racines cubiques.

7 racine cubique de 343.

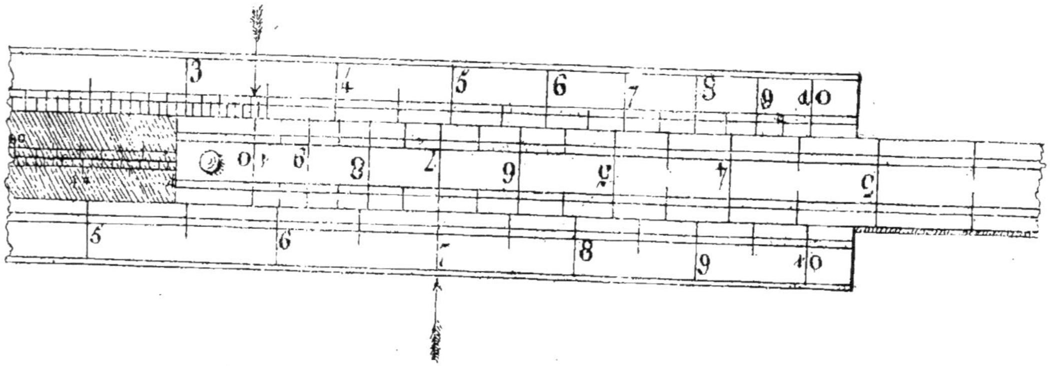

Fig. 49

on amènera, sous le nombre dont on cherche la racine, le trait n.º 10 qui est près du bouton, et l'on regardera quel est le nombre qui se correspond à lui-même sur la ligne inférieure et sur la première échelle (du côté du bouton) de la Coulisse renversée ; ce nombre sera la racine cherchée.

Exemple : On demande la racine cubique de 343. (Fig. 19.)

Ligne supérieure..	343	
Coulisse à rebours.	10	$x = 7$
Ligne inférieure..		$x = 7$

On voit ici que la racine demandée est 7.

62. Il n'est pas indifférent de prendre sur l'une ou l'autre des échelles de la ligne supérieure, les nombres dont on veut extraire la racine cubique. Voici à cet égard la règle qu'il faut suivre :

Les nombres de cent à mille seront pris comme dans l'exemple précédent sur la 2.ᵉ échelle (à droite.)

Les nombres de plus de dix et de moins de cent, seront pris sur la première échelle (à gauche.)

Exemple : Quel est la racine cubique de 64 ?

En amenant le trait n.º 10 sous 64 pris sur la première échelle, on trouvera sur la ligne inférieure le nombre 4 qui, correspondant avec lui-même sur la première échelle (à gauche) de la Coulisse renversée, sera la racine demandée.

Ainsi l'on aura :

Ligne supérieure..	64	
Coulisse renversée.	10	$x = 4$
Ligne inférieure..		$x = 4$

Si l'on avait pris le nombre 64 sur la 2.ᵉ échelle, on aurait vu se correspondre sur la ligne inférieure et sur la Coulisse le nombre 8.62 qui est la racine cubique de 640.

Les nombres inférieurs à dix seront pris aussi sur la première échelle, mais au lieu du trait n.º 10, on amenera sous ces nombres le *un* du milieu de la Coulisse.

Exemple : On demande quelle est la racine cubique du nombre 8.

En amenant sous 8, pris sur la première échelle à gauche, le trait n.º 1 du milieu de la Coulisse, on verra sur la ligne inférieure le nombre 2 qui, correspondant à lui-même sur la première échelle de la Coulisse renversée, sera la racine demandée; ainsi l'on aura :

Ligne supérieure. .		8
Coulisse renversée.	$x = 2$	1
Ligne inférieure. .	$x = 2$	

Si, au lieu du nombre *un* du milieu de la Coulisse, on avait amené sous 8 le trait n.º 10, le nombre correspondant à lui-même sur la ligne inférieure et sur la première échelle de la Coulisse renversée, aurait été 4.31, racine cubique de 80, c'est-à-dire d'un nombre dix fois plus grand que celui donné par la question.

Tout ce qu'on vient de dire, pour l'extraction des racines cubiques, sur les nombres au-dessous de mille, s'appliquera *aux nombres de mille jusqu'à un million*, si l'on considère les mille comme des unités. D'après cela *les nombres au-dessus de cent mille* seront pris sur l'échelle à droite; *ceux de mille à cent mille* seront pris sur l'échelle à gauche, en observant aussi que *si le nombre était inférieur à dix mille*, il faudrait amener sous lui le *un* du milieu de la Coulisse au lieu du trait n.° 10.

63. Le nombre des chiffres entiers d'une racine cubique se détermine par la règle suivante :

Si le nombre donné est moindre de mille, sa racine cubique n'aura qu'un seul chiffre entier.

Si le nombre est supérieur à mille, mais moindre d'un million, sa racine aura deux chiffres entiers.

64. Voici un exemple de l'usage des racines cubiques :

On veut construire une caisse, de forme cubique, qui puisse contenir quatre doubles décalitres ou 80 litres, et l'on demande quelle dimension il faut donner à cette caisse.

On sait qu'un litre équivaut en capacité à un décimètre cube ; ainsi la caisse que l'on veut construire doit contenir 80 décimètres cubes. En prenant la racine cubique de 80, on aura en décimètres l'expression de la mesure de la caisse, en tous sens.

En opérant comme il est dit n.° 62, on aura :

Ligne supérieure..	80	
Coulisse renversée.	10	$x = 4.31$
Ligne inférieure..		$x = 4.31$

On voit par là que la dimension intérieure de la caisse doit être 4 décimètres 31 millimètres sur toutes faces.

Des Proportions géométriques.

65. On sait que lorsqu'on compare deux quantités pour connaître combien de fois l'une contient l'autre ou est contenue en elle, le résultat de la comparaison se nomme leur rapport géométrique.

On sait aussi que lorsque quatre quantités sont telles que le rapport géométrique des deux premières soit le même que celui des deux dernières, ces quatre quantités forment une proportion géométrique.

66. Pour trouver avec la Règle à Calcul le quatrième terme d'une proportion dont les trois premiers sont connus, il faut amener le second terme au-dessous du premier, et le quatrième terme se trouvera sur la Coulisse, au-dessous du troisième pris sur la ligne supérieure.

Exemple : Quel est le quatrième terme de la proportion, dont les trois premiers sont 6 : 2 :: 24 : x ?

Lig. supérieure.	6	24
Coulisse......	2	$x = 8$

On voit que le quatrième terme est 8.

De la Règle de Trois directe et simple.

67. Cette Règle n'ayant pour objet que de trouver le quatrième terme d'une proportion, ne donnera lieu à aucune nouvelle explication. On se bornera en conséquence à en donner quelques exemples.

1.er *Exemple :* 40 ouvriers ayant fait 26 toises d'ouvrage, on demande combien 60 ouvriers en feraient dans le même temps ?

Lig. supérieure.	40	60
Coulisse......	26	$x = 39$

2.e *Exemple :* Un navire a fait 24 lieues dans 3 jours : on demande combien il lui faudra de temps pour en faire 200 avec le même vent ?

Lig. sup.	24	200
Coulisse.	3	$x = 25$

3.ᵉ *Exemple* : Si 21 kilogrammes coûtent 19 fr. 80 c. , combien coûteront 25 kilogrammes ?

Lig. sup.	21	25
Coulisse.	19.80	$x = 23$ f. 60 c.

De la Règle de Trois inverse et simple.

68. On sait qu'une règle de trois est dite inverse, lorsque des quatre quantités qui entrent dans l'énoncé de la question pour laquelle on fait cette opération , les deux principales se contiennent l'une l'autre dans un ordre opposé à celui des deux autres quantités qui leur sont relatives.

L'arithmétique apprend à ramener , par l'arrangement des termes, l'opération à une règle de trois directe : mais la Règle à Calcul peut dispenser de toute peine à cet égard.

Exemple : 30 hommes ont fait un ouvrage en 25 jours : combien faudra-t-il d'hommes pour faire le même ouvrage en 10 jours ?

On voit qu'il faut d'autant plus d'hommes que le nombre de jours est moindre , et que le nombre d'hommes cherché doit contenir le nombre de 30 hommes autant de fois que 25 jours contiennent 10 jours ; l'opération se réduit donc à trouver le quatrième terme d'une proportion commençant par les trois suivans :

10 jours : 25 jours :: 30 hommes : x

Ligne supér.	10	30
Coulisse....	25	$x = 75$ hommes.

69. Si l'on veut s'éviter le raisonnement qu'il a fallu faire pour arranger les termes de la propor-

tion dans un ordre convenable, on n'aura besoin que de renverser la Coulisse : ainsi, dans l'exemple précédent dont l'énoncé était

30 hommes : 25 jours :: 10 jours : x,

on aura : Ligne supérieure.   30 $x = 75$

Coulisse renversée..   25   10

De la Règle de Trois composée.

70. L'arithmétique apprend qu'une règle de trois composée doit être ramenée à l'état simple avant l'opération. Sans entrer à cet égard dans des détails que chacun connaît, on va se borner à donner ici un exemple :

On demande combien 54 hommes pourront faire de toises d'ouvrage en 30 jours, lorsque 27 hommes ont fait 130 toises en 20 jours.

Il est visible que 27 hommes qui ont travaillé pendant 20 jours, ont fait autant d'ouvrage que 20 fois 27 hommes, c'est-à-dire 540 hommes qui auraient travaillé pendant un jour.

Pareillement 54 hommes travaillant 30 jours, feront autant que 30 fois 54 ou 1620 hommes travaillant un jour.

La question est donc changée en celle-ci : 540 hommes ont fait 130 toises d'ouvrage; combien 1620 hommes en feront-ils dans le même temps? C'est-à-dire qu'il faut chercher le quatrième terme d'une proportion qui commencerait ainsi :

$$540 : 130 :: 1620 : x$$

Lig. supér.   540   1620

Coulisse. .   130 $x = 390$ toises.

De la Règle de Société.

71. On sait que le but de la règle de société est de partager un nombre proposé en parties qui aient entre elles des rapports donnés. Cette opération sur la Règle à Calcul se fait de la manière suivante :

Exemple : On veut partager 4800 f. de bénéfice entre trois associés, dont l'un a mis dans le commerce 8000 f., le second 5000 f., et le dernier 3000 f.

On additionne les trois mises de fonds des associés, ce qui dans l'exemple donne 16,000 f. Sous cette somme on amène 4800 f., et la part de chaque associé dans le bénéfice, se trouve sur la Coulisse au-dessous de sa mise de fonds.

Lig. sup.	16000 ^{f}.	8000 ^{f}.	5000 ^{f}.	3000 ^{f}.
Coulisse.	4800	$x = 2400$	$x = 1500$	$x = 900$

De la Règle d'Intérêt.

72. La règle d'intérêt a pour but de déterminer la somme due pour la jouissance d'un capital d'argent prêté à certaines conditions.

73. Pour trouver l'intérêt produit par un capital dans un temps déterminé, il faut connaître le taux de l'intérêt, c'est-à-dire, savoir combien 100 f. doivent produire au bout d'un an.

Exemple 1.er On demande quel sera, au bout d'un an, l'intérêt de 450 f. au taux de 5 pour cent par an ?

On fera ce raisonnement : Si cent francs produisent 5 fr., combien produiront 450 ? Et la réponse à la question se trouvera en faisant sur la Règle la proportion suivante :

Lig. supérieure.	100	450
Coulisse.	5 ^{f}.	$x = 22$ ^{f}. 50^c.

Exemple 2.ᵉ Quel sera l'intérêt de 845 f. au bout de onze mois, à raison de 6 pour cent par an ?

On verra facilement (1) que 100 f., à 6 p. cent par an, produisent 5 f. 50 c. au bout de 11 mois; ainsi l'on fera :

Ligne supér.   100   845

Coulisse....   5ᶠ. 50ᶜ. $x = 46^f. 47^c.$

Exemple 3.ᵉ On a donné 7000 f. pour rembourser un capital avec 2 années d'intérêts à 6 p. cent, on demande quel était le capital prêté ?

100 f. à 6 p. cent auraient produit, au bout de 2 ans, 12 f. d'intérêts qui réunis au capital feraient un total de 112 f.; d'après cela on dira : si 112 f. sont le produit de 100 f., quelle somme aura produit 7000 f. ? La réponse se lira en faisant :

Ligne sup.   112ᶠ.   7000ᶠ.

Coulisse. .   100ᶠ. $x = 6250^f.$

Exemple 4.ᵉ A quel prix faudrait-il acheter des rentes à 5 p. cent pour placer son argent à 6 p. cent ?

Lig. sup. $x = 83^f. 50^c.$ 100ᶠ.

Coulisse.   5ᶠ.   6ᶠ.

Exemple 5ᵉ. A combien place-t-on son argent en achetant à 76 ᶠ. des rentes à 3 pour cent ?

Ligne sup.   76ᶠ.   100 ᶠ.

Coulisse. .   3ᶠ. $x = 3^f. 95^c.$

---

(1) Si l'on était embarrassé pour trouver le produit de 100 f. pendant 11 mois, on ferait la proportion :

Ligne supérieure.   12 mois.   11 mois.

Coulisse....... .   6 francs. $x = 5$ f. 50 c.

Règle d'Escompte. (1)

Dans les négociations d'effets qui se font chez les banquiers ou à la bourse et dans beaucoup d'autres opérations de commerce, l'usage est de compter les intérêts par jour, et d'en énoncer le taux en disant ce que 100 f. produisent d'intérêt par mois.

Quoique la loi ait limité l'intérêt commercial à six pour cent par an, ce qui fait *un demi*-franc par mois, il arrive souvent que l'éloignement des lieux où les effets sont payables, ou d'autres circonstances qui en rendent le recouvrement difficile, font élever l'escompte au-dessus du taux légal.

Quelquefois aussi l'abondance du numéraire fait réduire l'escompte bien au-dessous de six pour cent par an, et même la banque de France est dans l'usage d'escompter les effets au taux de quatre pour cent par an, ce qui ne fait qu'un tiers ou environ 33 centimes par mois.

74. Ordinairement le taux de l'intérêt mensuel est exprimé par une fraction, ainsi l'on dit et l'on écrit que l'escompte est à $\frac{1}{4}$, $\frac{1}{3}$, $\frac{1}{2}$, $\frac{9}{16}$, $\frac{7}{12}$, $\frac{5}{8}$, $\frac{3}{4}$, $\frac{4}{5}$, $\frac{5}{6}$, $\frac{7}{8}$, $\frac{11}{12}$, $\frac{15}{16}$, etc., etc., pour cent par mois.

Pour savoir à combien pour cent l'argent revient par mois et par an, à chacun de ces taux exprimés en fraction, il suffit d'écrire la fraction (n.º 44); et l'on a, tout à la fois, l'intérêt d'un mois au-dessus du curseur, et l'intérêt d'une année au-dessus du nombre 12.

Exemple : A combien, pour cent, par mois et par an, revient l'intérêt au taux de $\frac{5}{8}$?

Lig. sup.	$x = 0$ f. 625	$x = 7$ f. 50	5
Coulisse..	1 mois	12 mois	8

(1) On appelle escompte la déduction que fait celui qui paye une somme avant son échéance, d'une partie de cette somme, pour lui tenir lieu de l'intérêt de l'argent avancé, depuis le jour du paiement anticipé jusqu'à celui de l'échéance.

75. Il est sans doute inutile de faire remarquer, d'après cet exemple, que si l'intérêt était indiqué par le taux annuel, on aurait l'intérêt d'un mois au-dessus du curseur, dès qu'on aurait amené le nombre 12 de la Coulisse au-dessous de la somme exprimant l'intérêt de l'année, et réciproquement que si le taux de l'intérêt était établi d'après ce qu'il produit, pour cent, par mois, en amenant le curseur sous cette somme mensuelle, on aurait l'intérêt d'un an au-dessus du nombre 12.

76. Lorsque le curseur se trouve sous l'intérêt d'un mois, et le nombre 12 sous l'intérêt d'un an, comme dans l'exemple ci-dessus (n.º 74), toute somme prise sur la Coulisse a pour correspondant sur la ligne supérieure, le nombre exprimant l'intérêt qu'elle produit par mois au taux déterminé par le curseur et par le nombre 12.

Ainsi dans cet exemple, si l'on prenait au hasard sur la Coulisse des sommes telles que 240^f., 315^f., 720^f., etc., etc., on aurait :

Lig. sup.	$x = 1$ f. 5o	$x = 1$ f. 97	$x = 4$ f. 5o	o.625
Coulisse.	24o	315	72o	1

Les sommes 1 f. 5o c. , 1 f. 97 c. et 4 f. 5o c. expriment bien l'intérêt, pour un mois, des sommes 24o f., 315 f. et 72o fr., au taux de $^5/_8$ (.625 millésimes) par mois ou 7 f. 5o c. par an.

77. Connaissant, d'après ce qui vient d'être dit, le moyen de déterminer l'intérêt, pour un mois, d'une somme quelconque, à tous les taux possibles, on sentira facilement que pour avoir l'intérêt d'une certaine somme pendant un nombre de jours donné, il faudra amener sous 3o (jours), l'intérêt d'un mois de la somme en question, et lire le résultat

de l'opération, sur la Coulisse, au-dessous du nombre de jours donné.

Exemple : Quelle somme recevra-t-on pour une lettre de change de 838 f., payable au bout de 80 jours, en la cédant à un banquier qui retiendra pour escompte $9/16$ pour cent par mois ?

La question est : Quel est l'intérêt de 838 f. pendant 80 jours, à raison de $9/16$ pour cent par mois ?

En écrivant sur la Règle la fraction $9/16$, on verra sur la ligne supérieure au-dessus de 838 f. le nombre 4.71 qui exprime l'intérêt, pour un mois, de 838 f.; on aura donc :

Ligne supér.	9	$x = 4.71$
Coulisse. . .	16	838

Sachant par ce moyen, que 4 f. 71 c. est l'intérêt de 838 f. pendant 30 jours, au taux donné par la question, on aura l'intérêt de la même somme pendant 80 jours, en faisant :

Lig. sup.	30 jours	80 jours
Coulisse.	4.71	$x = 12.60$

On voit que le banquier ayant à retenir, pour l'escompte, 12 f. 60 c., on ne recevra pour les 838 f. que 825 f. 40 c.

78. Si, connaissant l'escompte retenu par un banquier sur une somme par lui avancée, on demandait à quel taux la négociation a été faite,

Il faudrait amener le nombre exprimant le montant de l'escompte sous le nombre de jours d'après lequel il aurait été calculé, et l'on aurait sous le nombre 30 (jours) l'intérêt, pour un mois, de la somme escomptée (1) par le banquier.

____

(1) On entend ici par *somme escomptée* la somme totale énoncée dans le billet, et sur laquelle l'escompte est perçu.

Par un second mouvement de Coulisse on amènerait la somme escomptée sous l'intérêt d'un mois, et l'on verrait, tout à la fois, le taux par mois au-dessus du curseur, et le taux par an au-dessus du nombre 12.

Exemple : On a remis à un banquier un billet de 1070 f. payable au bout de 75 jours, dont il a fourni la valeur, moins 16 f. 72 qu'il a retenus pour escompte; on demande à combien pour cent par an ou par mois cette négociation a été faite?

Amenant 16 f. 72 sous 75 (jours), on lira sous 30 (jours) l'intérêt de la somme 1070 f. pendant un mois; ainsi l'on aura :

Lig. sup.	75 jours	30 jours
Coulisse.	16.72	$x = 6^f. 70$ c.

Plaçant ensuite la somme 1070 sous 6.70 son intérêt pour un mois, on aura le taux par mois au-dessus du curseur, et le taux annuel au-dessus du nombre 12 ; ainsi l'on verra :

Lig. sup.	$x = 0^f. 625$	$x = 7^f. 50$	6.70
Coulisse.	1	12	1070

L'escompte a été perçu à raison de sept et demi ou 7 f. 50 par an, ce qui fait 625 millésimes par mois ou $^5/_8$.

79. Comme les banquiers sont dans l'usage de percevoir, à titre de commission sur les opérations qu'ils font, un droit fixe qui est le plus souvent d'un demi pour cent, quelle que soit l'échéance des effets qu'ils escomptent, il faut, lorsqu'on veut déterminer le taux de l'intérêt d'après la somme retenue par le banquier, déduire d'abord de cette somme le montant de la commission et ne considérer que le surplus comme escompte.

80. Lorsqu'on opère sur des nombres un peu élevés, on commence, pour plus d'exactitude, par déterminer l'intérêt de 100f. au taux et pendant le nombre de jours donnés par la question. Amenant ensuite sous l'expression de cet intérêt la somme *cent* (francs) qui l'a produit, on voit l'escompte demandé au-dessus de la somme donnée.

Exemple : On demande quel sera pour 74 jours, l'escompte à 6 pour cent par an ($\frac{1}{2}$ p. cent par mois) d'une somme de 7495 f. ?

Sachant (n.° 74) qu'à 6 p. cent l'intérêt de 100 f. pour un mois ou 30 jours, est 50 centimes, on aura l'intérêt de 74 jours en faisant :

Lig. sup.   0.50 centimes $x = 1^f. 233$

Coulisse.   30 jours   74 jours

Amenant 100 f. sous 1 f. 233, on aura l'escompte demandé au-dessus de la somme 7495 fr.; ainsi la Règle présentera :

Lig. sup. $1^f. 233$ $x = 92^f. 43 c.$

Coulisse.   100   7495

Comme on ne distinguerait pas facilement les 43 centimes sur la Règle de 26 centimètres, on lit séparément l'intérêt des sommes de la Coulisse qui correspondent exactement avec les traits de la ligne supérieure. Dans l'exemple ci-dessus, on voit :

Au-dessus de 6000 ^{f} . . . . 74. »
   id.   1460 . . . . 18. »
   id.   35 . . . . 0. 43

Capital. 7495   intérêt. 92. 43

Intérêts composés.

81. On appelle intérêt composé celui qui est dû au bout de plusieurs années sur un capital auquel on a ajouté l'intérêt à la fin de chaque année, pour obtenir l'intérêt des intérêts.

82. Pour connaître l'intérêt composé d'un capital, on commence le plus souvent par chercher combien auraient produit cent francs dans le temps et au taux donnés par la question, et l'on obtient ensuite par une simple proportion, la réponse à la question posée.

Cette manière de calculer offre l'avantage d'opérer sur des nombres peu élevés, ce qui rend les résultats d'autant plus exacts. Voici au surplus la méthode qu'il faut suivre dans tous les cas :

83. On ajoutera au capital donné l'intérêt de la première année, et l'on divisera le total par cent, ce qui se fait en séparant par une virgule les deux derniers chiffres à droite ; on multipliera ensuite par lui-même le quotient de cette division, autant de fois qu'il y a d'années d'intérêts ; et lorsqu'on aura le produit de ces multiplications successives, il suffira de reculer de deux places sur la droite la virgule séparative des chiffres décimaux, pour que ce produit représente le capital augmenté des intérêts au taux et pendant le temps donnés par la question.

Exemple : On demande *à quelle somme s'élevera, au bout de trois années, un capital de 600 f. placé à six p. cent par an, auquel on aura ajouté à la fin de chaque année, les intérêts échus pour les rendre eux-mêmes productifs d'intérêts.*

Opérant comme pour cent francs, on ajoutera 6 f.

intérêt d'un an , au capital 100 f. , et l'on aura 106 f. ;
ce nombre divisé par cent aura pour quotient 1.06.

Le capital ayant été placé pendant 3 années, il
faudra multiplier 1.06 trois fois par lui-même, c'est-
à-dire prendre son cube, ce qui, d'après la méthode
donnée n.º 59, produira le nombre 1.191 qui, par
le reculement de la virgule, deviendra 119 francs
10 centimes.

On fera ensuite cette proportion : Cent francs
placés à six p. cent par an, devenant 119 f. 10 c.
au bout de trois années , que deviendront 600 f.
dans les mêmes circonstances ? Et l'on aura sur la
Règle :

Lig. supér.   100   600

Coulisse..   119.10 $x = 714$ f. 60 e.

84. Les personnes qui ont souvent à faire des
opérations de ce genre , trouveraient beaucoup d'a-
vantage à préparer à l'avance un tableau du genre
de celui que l'on joint ici , pour voir de combien
s'augmente à la fin de chaque année une somme
de cent francs, placée à quatre, cinq ou six p. cent,
lorsqu'on cumule les intérêts avec le principal.

TABLEAU D'INTÉRÊTS COMPOSÉS,

Montrant l'accroissement par année d'un capital de cent francs,

Placé à 4 p. $\frac{0}{0}$	Placé à 5 p. $\frac{0}{0}$	Placé à 6 p. $\frac{0}{0}$
1.re année. 104. »	1.re année. 105. »	1.re année. 106. »
2. . . . . 108.16	2. . . . 110.25	2. . . . 112.36
3. . . . . 112.48	3. . . . 115.76	3. . . . 119.10
4. . . . . 116.98	4. . . . 121.55	4. . . . 126.24
5. . . . . 121.66	5. . . . 127.62	5. . . . 133.82
6. . . . . 126.53	6. . . . 134. »	6. . . . 141.85
7. . . . . 131.50	7. . . . 140.71	7. . . . 150.36
8. . . . . 136.85	8. . . . 147.74	8. . . . 159.38
9. . . . . 142.35	9. . . . 155.13	9. . . . 168.94
10. . . . . 148.02	10. . . . 162.88	10. . . . 179.08
11. . . . . 153.94	11. . . . 171.03	11. . . . 189.82
12. . . . . 160.10	12. . . . 179.58	12. . . . 201.21
13. . . . . 166.50	13. . . . 188.56	13. . . . 213.29
14. . . . . 173.16	14. . . . 197.99	14. . . . 226.09
15. . . . . 180.09	15. . . . 207.89	15. . . . 239.65
16. . . . . 187.29	16. . . . 218.28	16. . . . 254.03
17. . . . . 194.79	17. . . . 229.20	17. . . . 269.23
18. . . . . 202.58	18. . . . 240.66	18. . . . 285.47
19. . . . . 210.68	19. . . . 252.69	19. . . . 302.56
20. . . . . 219.11	20. . . . 265.32	20. . . . 320.71

85. Exemple 2.e *Combien faudra-t-il d'années pour qu'un capital de 4000 f., placé à cinq pour cent, soit porté à 6000 f. par l'accroissement résultant de l'accumulation annuelle des intérêts au principal?*

En amenant 6000 sous 4000, on verra, sur la Coulisse au-dessous de 100, le nombre 150, qui, suivant le tableau, sera atteint dans le cours de la neuvième année; en conséquence on conclura que 4000 fr. placés à cinq pour cent, vaudront 6000 fr. dans la neuvième année.

Expérience : Lig. sup.	100	4000
Coulisse.	$x = 150$	6000

86. Exemple. 3.e

86. Exemple 3.e *Quel prix peut-on donner d'une créance de 8000 f. payable dans 10 ans, en plaçant son argent à six pour cent par an ?*

Il faut amener sous 100 la somme à laquelle s'élèverait ce capital au bout de 10 années (le tableau fait voir que c'est 179.08), et l'on aura le résultat au-dessus de 8000, pris sur la Coulisse.

Expérience : Lig. sup.   100 $x = 4450$ f.

Coulisse.   179.08   8000

On voit que le prix de la créance de 8000 f. serait 4450 fr.

87. *S'il s'agissait de déterminer, par exemple, le prix d'une rente de 500 f., payable pendant six années seulement ; en supposant que l'intérêt de l'argent à donner fût compté à six pour cent par an, et que le premier paiement des 500 f. de rente ne dût être fait que dans un an,*

Il faudrait considérer tous les arrérages de la rente comme formant un capital exigible à *une échéance moyenne* entre toutes celles des paiemens de la rente, et la question se réduirait à trouver le prix d'un capital payable à une échéance déterminée.

88. *L'échéance moyenne* se détermine, 1.° en additionnant les nombres d'années ou de mois après lesquels chaque paiement devra être fait ; 2.° en divisant le total trouvé par le nombre de paiemens à faire. Le quotient de cette division exprime en mois ou en années le terme moyen.

Par exemple, dans le cas de la rente de 500 fr.

payable pendant six années, le premier paiement
sera fait au bout de. . . . . 1 année.
   Le second paiement sera fait au bout de 2 id.

3.ᵉ	id.	id.	id.	3 id.
4.ᵉ	id.	id.	id.	4 id.
5.ᵉ	id.	id.	id.	5 id.
6.ᵉ	id.	id.	id.	6 id.

$$\text{Total. . . . } 21$$

Divisant 21 par six, nombre des paiemens, on
aura 3.50, c'est-à-dire 3 ans et 6 mois pour échéance
moyenne. On cherchera ensuite ce que deviennent
cent francs au bout de 3 ans $^{1}/_{2}$, et l'on trouvera
122 f. 67 c. (en ajoutant 3 p. cent, intérêt de six
mois, à 119 f. 10 c., résultat de 100 f. au bout de
3 années); après quoi on fera ce raisonnement :

   122 f. 67 c. ont été produits, au bout de 3 ans
et 6 mois, par un capital de 100 f.; quel est le capital qui, au bout du même temps, aura produit
3000 f., somme des six paiemens de la rente de 500 f. ?
On aura la réponse sur la Règle, en faisant :

Lig. supérieure.   100 $x = 2445$ f. 58ᶜ.

Coulisse. 122.67   3000

Des Annuités.

89. On a donné le nom d'*annuité* à une rente
qui n'est payée que pendant un temps convenu, pour
rembourser un capital avec les intérêts, en donnant
toujours la même somme.

90. Exemple : *Un particulier doit 6000 f. dont il
paye l'intérêt à 6 p. cent ; il veut s'acquitter en 4 paye-
mens égaux , dont le premier aura lieu dans un an ,
et les trois autres d'année en année. On demande de
combien doit être chaque paiement ?*

Le premier paiement sera fait au bout de... 1 an.

2.º	id.	id.	id.	2	id.
3.º	id.	id.	id.	3	id.
4.º	id.	id.	id.	4	id.

Total . . . 10

Divisant 10 par 4, nombre des paiemens à faire, on aura pour quotient 2 $\frac{1}{2}$ qui exprime l'échéance moyenne.

La somme totale, qui sera payée en 4 années, étant la même que celle que l'on donnerait en une seule fois au bout de deux ans et demi, il faut chercher à combien s'éleveraient 6000 f. en principal, augmentés des intérêts composés, de deux ans et demi.

Pour cela, on prendra sur le tableau 112.36, montant avec intérêts à six p. cent, de 100 f. au bout de 2 ans; à quoi ajoutant 3.36 pour intérêts de 6 mois, on aura 115.72. Ensuite l'on fera la proportion :

Lig. sup.	100	6000
Coulisse.	115.72	$x = 6943$ f.

Cette somme de 6943 f. devant être payée en 4 termes, par égales portions, chaque paiement sera d'un quart ou 1735.75.

91. On peut voir par cet exemple qu'il est facile de déterminer la somme à payer annuellement pour le remboursement d'un capital portant intérêts, lorsqu'on connaît le capital et le taux des intérêts.

De la Règle Conjointe.

92. La règle conjointe a pour objet de trouver le rapport de deux choses entre elles, lorsqu'on connaît le rapport qui existe entre chacune d'elles et une troisième chose.

93. *Exemple :* On demande ce que valent 27 toises anglaises en mètres ; et, pour résoudre cette question, on donne les rapports suivans :

115 mètres valent 59 toises françaises.

76 toises françaises valent 81 toises anglaises.

Pour arriver au résultat, il faut chercher d'abord combien 27 toises anglaises valent de toises françaises : ce qu'on saura en amenant 76 sous 81 , et en regardant quel est le nombre de la Coulisse qui se trouve sous 27.

Lig. sup.	27	81
Coulisse.	$x = 25.3$	76

Sachant maintenant que 27 toises anglaises valent 25 toises françaises et 3 dixièmes, et l'énoncé de la question ayant appris de plus que 59 toises françaises valaient 115 mètres, la question sera réduite à savoir combien 25 toises françaises et 3 dixièmes valent en mètres, lorsque 59 de ces toises représentent 115 mètres ; et la réponse se lira sur la Coulisse au-dessous du nombre 25.3 , lorsqu'on aura amené 115 sous 59.

Ligne sup.	59	25.3
Coulisse..	115	$x = 49$ mèt. 37 centim.

94. Ce qui s'est passé dans cet exemple aurait eu lieu pareillement, s'il s'était trouvé plusieurs mesures intermédiaires entre les mètres et les toises anglaises. Seulement il aurait fallu chercher autant de résultats sur la Règle qu'il y aurait eu d'intermédiaires.

De la Règle de fausse Position.

95. *La règle de fausse position,* qui serait appelée à plus juste titre *règle de supposition,* a pour objet de trouver un nombre inconnu, d'après des co-

ditions données, en opérant suivant ces conditions, sur un nombre supposé, c'est-à-dire choisi arbitrairement par la personne à qui la question est proposée.

Exemple : Un particulier a institué un héritier, et l'a chargé par son testament de payer, à titre de legs, le tiers de son bien à un de ses amis, et les deux cinquièmes à un autre; il reste à l'héritier, après le paiement de ces legs, une somme de 32,000 f. : on demande combien il y avait dans la succession, et combien chaque légataire a reçu?

On choisira un nombre susceptible d'être partagé en tiers et en cinquièmes, par exemple, le nombre 15. On en prendra le tiers qui est 5, les deux cinquièmes qui équivalent au nombre 6, et l'on verra que le restant sera 4. On fera ensuite correspondre ce dernier nombre avec 32,000 f., et les nombres 15, 5 et 6 correspondront avec les nombres cherchés.

Expérience :

Lig. sup.	15	5	6	4
Coulisse.	$x=$120,000.	$x=$40,000.	$x=$48,000.	32,000

DE LA RÈGLE D'ALLIAGE.

§. I.

De la Règle d'Alliage directe.

96. La règle d'alliage directe a pour but de trouver la valeur moyenne de plusieurs choses mélangées, lorsqu'on connaît la quantité et la valeur particulière de chacune d'elles.

97. Pour faire cette opération avec la Règle à Calcul, on amène le nombre qui exprime combien il entre de choses dans le mélange, sous la somme

des valeurs des choses mélangées, et le prix moyen d'une chose se trouve au-dessus du curseur.

Exemple 1.er *Quel sera le titre d'un lingot d'argent* dans lequel on fera entrer 35 hectogrammes de ce métal contenant 86 centièmes d'argent pur, et 28 hectogrammes contenant 95 centièmes aussi d'argent pur?

En considérant la quantité d'argent pur comme valeur du métal, on dira :

$$35 \text{ hectog. à } 0.86 \text{ valent } 35 \text{ fois } 0.86 \text{ ou } 30.10$$
$$28 \text{ hectog. à } 0.95 \text{ valent } 28 \text{ fois } 0.95 \text{ ou } 26.60$$

Total : 63 hectog., dont la partie pure est.. 56.70

Amenant 63 sous 56.70, on aura :

Ligne sup.	$x = 0.9$	56.70
Coulisse..	1	63

Le lingot sera au titre de 0.90 ou 9 dixièmes de fin, qui est le titre du commerce.

98. L'opération serait la même s'il s'agissait de trouver la valeur de l'unité d'un mélange, dans lequel on aurait fait entrer trois ou un plus grand nombre de substances.

Exemple 2.e *A combien revient la bouteille d'un vin mélangé* de plusieurs qualités, dans les proportions suivantes :

15 bouteilles à 0^f. 50^c. dont la valeur est .. 7. 50
20   id.   0. 70   id. . . . . 14. »
19   id.   0. 80   id. 15. 20

54 b.^{lles} de vin dont le prix total est. . .. 36. 70

Amenant 54 sous 36.70, on aura :

Lig. sup.	$x = 0.675$	36.70
Coulisse.	1	54

La bouteille de mélange coûte 0.675 millésimes, ou 13 sous 6 deniers.

§. 2.

De la Règle d'Alliage indirecte.

99. Par la règle d'alliage indirecte, on détermine les quantités de deux espèces de choses qui entrent dans un mélange, lorsqu'on connaît la quantité et la valeur de ce mélange, ainsi que le prix des choses mélangées.

100. Pour y parvenir, on compare le prix moyen avec le prix de chacune des deux substances dont le mélange est composé, et l'on additionne les différences trouvées ; on amène ensuite la différence du prix d'une des substances sous la somme des différences, et l'on trouve la quantité de l'autre substance sous le nombre qui exprime la quantité du mélange (1).

Exemple 1.er On a composé 100 bouteilles de vin à 0f. 60c., d'une partie de vin à 75 centimes, et d'une autre partie à 40 centimes : on demande dans quelle proportion chacun de ces vins y est entré ?

Prix moyen, 60 cent.
$\begin{cases} 75 \text{ cent. : différence. } 15 \\ 40 \text{ cent. : différence. } 20 \end{cases}$

Somme des différences. 35

En amenant 15 (différence entre 60 c., prix de la bouteille de mélange, et 75, prix de la bouteille d'une des parties) sous 35, somme des différences, la somme du mélange (100 bouteilles) aura, pour correspondant sur la Coulisse, le nombre de bou-

---

(1) La proportion s'énonce en ces termes : La somme des différences est à la différence de l'une des substances, comme la somme du mélange est à la quantité de l'autre substance.

teilles de vin à 4o centimes qui est entré dans le
mélange.

Lig. sup.   35   100

Coulisse.   15 $x = 42.86$, environ 43 bouteilles

à 4o centim.

Réciproquement, lorsqu'on amènera l'autre différence 20, sous 35, on aura sous la somme du mélange, la quantité de vin à 75 c. qu'il a fallu y
mettre pour que la bouteille coûtât 6o cent.

Lig. sup.   35   100

Coulisse.   20 $x = 57.14$, environ 57 bouteilles

à 75 centim.

101. *Exemple 2.ᵉ* Un lingot d'argent au titre de
9 dixièmes ou 90 centièmes de fin, du poids de
63 hectogrammes, a été formé d'argent à o.86 et
à o.95 : on demande combien il en a été employé
de chaque titre ?

$$\text{Titre moyen, o.9o} \begin{cases} 0.86 : \text{différence.. } 0.04 \\ 0.95 : \text{différence.. } 0.05 \end{cases}$$

$$\overline{ 0.09}$$

En amenant 4, différence entre 90 et 86, sous la
somme des différences 9, on aura sous le nombre 63,
expression du poids du lingot, la quantité d'argent
à o.95 qui y est entrée.

Lig. sup.   9   63

Coulisse.   4 $x = 28$ hectog., argent à o.95.

Pour avoir la quantité d'argent au titre de o.86,
il n'y a qu'à substituer 5, expression de la différence entre les titres à o.9o et o.95, au nombre 4,
et le résultat sera sous 63.

Lig. sup.   9   63

Coulisse.   5 $x = 35$ hectog., argent à o.86.

102. On peut déterminer les quantités respectives des deux métaux qui composent un alliage, en comparant *le poids spécifique* (1) de ce dernier avec celui des métaux dont il est formé, et en opérant sur les différences comme on l'a fait ci-dessus pour le titre de l'argent et pour le prix du vin mélangé.

Exemple : Sachant qu'il est permis d'ajouter à l'argent une certaine quantité de cuivre pour lui donner la dureté nécessaire (2), on veut connaître en quelle proportion le cuivre est entré dans une pièce d'argenterie pesant 2 kilog. 628 grammes et dont on a reconnu que le poids spécifique était 10.39.

Celui de l'argent étant 10.47, et celui du cuivre 8.90 (n.° 17), on les comparera avec 10.39 de la manière suivante :

$$10.39 \begin{cases} 10.47 : \text{différence.. } 0.08 \\ 8.90 : \text{différence.. } 1.49 \end{cases}$$
$$1.57$$

On amènera un 1.49, différence entre 10.39 et 8.90, au-dessous de 1.57, somme des différences ; et sous le nombre 2.628, poids de la pièce d'argenterie, on aura l'expression de la quantité d'argent fin qui y

---

(1) On obtient le poids spécifique d'un corps en le pesant à l'air et dans l'eau, et ensuite en divisant le nombre qui exprime le poids à l'air par la différence entre celui-ci et le poids dans l'eau. Le quotient donne le poids spécifique.

Ainsi le poids à l'air étant, par exemple.... 7.75
Le poids dans l'eau. 7.01

La différence sera. 0.74
En divisant 7.75 par 0.74, on aura pour quotient 10.47 qui serait le poids spécifique de l'argent pur.

(2) L'argent au premier titre doit contenir 950 millièmes de fin, et celui au second titre 800 millièmes seulement.

3*

est contenue, en même temps que l'on pourra lire au-dessous du nombre mille, combien il y a de millièmes de fin.

Lig. sup.	1.57	2.628	1000
Coulisse.	1.49	$x = 2.494$	$x = 949$

On voit que la pièce d'argenterie contient 2 kilog. 494 d'argent fin, et qu'elle est au titre de 949 millièmes de fin.

Pour avoir la quantité de cuivre il n'y a qu'à substituer à 1.49 le nombre 0.08 qui exprime la différence entre le poids de l'argent fin et celui de la pièce à vérifier, et la Règle présentera :

Lig. sup.	1.57	2.628	1000
Coulisse.	0.08	$x = 134$	$x = 51$

Il est entré dans la pièce d'argenterie 134 grammes de cuivre, ce qui met ce métal, relativement à l'argent, dans la proportion de 51 millièmes.

L'opération qu'on vient d'indiquer porte le nom du célèbre Archimède qui l'employa le premier, et sut par ce moyen découvrir la fraude d'un ouvrier qui ayant reçu de l'or du Roi de Syracuse, pour fabriquer une couronne, et en ayant soustrait une partie, l'avait remplacée par de l'argent.

DEUXIÈME PARTIE.

*EXPOSÉ de plusieurs méthodes abrégées,
adoptées dans la pratique pour l'usage de
la Règle à Calcul.*

103. Ce qui a été dit dans la première partie
sur la manière de faire, avec la Règle à Calcul, les
principales opérations de l'arithmétique, suffirait sans
doute pour donner le moyen d'apprécier l'utilité
et de profiter des avantages que présente une telle
invention. Toutefois cet instrument devant principalement servir à épargner la fatigue et l'ennui des
calculs, et se trouvant par là même plus particu-
lièrement destiné aux personnes que l'habitude n'a
pas familiarisées avec la science des nombres, on a
cru convenable de faire connaître ici quelques méthodes abrégées que la pratique a fait découvrir, et
qui étendent, en les facilitant, les usages de la Règle
à Calcul.

Afin de donner une idée de l'avantage de ces
méthodes qui se rattachent à la mesure des surfaces et à l'évaluation du volume, de la capacité et
du poids des corps de diverses formes, on rappelle-
ra en peu de mots les opérations dont elles dispensent.

De la mesure des Surfaces.

On suppose qu'il soit question de déterminer la
mesure en mètres carrés d'une surface à côtés pa-
rallèles, qui aurait 20 toises de longueur sur 45 pieds
de hauteur.

Sachant que la surface d'un parallélogramme est
égale au produit de sa base par sa hauteur, on mul-

tiplierait 20 toises par 45 pieds, ce qui ne pourrait
se faire qu'après avoir réduit les 20 toises en pieds;
divisant ensuite le produit de la multiplication par
9.38, nombre qui exprime la quantité de pieds carrés contenus dans un mètre, on aurait pour quotient
le nombre de mètres carrés contenus dans la surface.

104. Voici comment on simplifie cette opération:

On multiplie 20 (toises) par 45 (pieds), comme
si ces deux nombres exprimaient des unités de même
espèce; on divise ensuite le produit par 1.58, et
l'on a pour quotient le nombre demandé.

On voit qu'il existe, entre ce diviseur 1.58, et les
différentes mesures qui figurent dans l'opération,
un rapport que l'esprit n'aperçoit pas d'abord, et
qui n'a pu être découvert qu'à l'aide de calculs qui
n'ont pas encore été expliqués, mais dont, en atten-
dant, tout le monde peut profiter (1).

105. L'usage des diviseurs de cette espèce se présentant toutes les fois que les deux dimensions d'une
surface ne sont pas exprimées en mesures de même
espèce que celle que l'on veut obtenir, on a dressé
une table des nombres indicateurs, c'est-à-dire des
différens diviseurs à employer pour avoir la mesure
des surfaces en mètres, toises, pieds, pouces, et
arpens, tant pour le cas où les deux dimensions sont
données en mesures semblables (2), que pour celui

---

(1) On a cru convenable de n'expliquer comment on trouve
les nombres indicateurs, qu'après en avoir montré l'usage et
l'utilité.

(2) Les indicateurs donnés par la table gravée sur le revers de la Règle, ne servent que pour les cas où les dimensions sont données en mètres. On l'a exprimé par les
lettres *M.M.* marquées au-dessus des nombres, sous le mot
SURFACES.

où elles sont exprimées en unités d'espèces différentes.

TABLE

*Des nombres indicateurs pour servir à la me-
sure des surfaces des parallélogrammes.*

	m.m.	t.t.	t.P.	P.P.	P.p.	p.p.
Mètre carré.	1	.263	1.58	9.48	113.7	1365
Toise carrée.	5.8	1.	6	36	432	5184
Pied carré	.1055	.0278	1.667	1	12	144
Pouce carré	735	1923	1154	694	.0853	1
Arpent et perche de Paris.	3420	900	5400	3240		
Arpent et perche forestière.	5110	1344	8070	4840		
Journal de 360 perches de 9 pieds et demi. . . .	3248	9025	52490			

La ligne horizontale intitulée mètre carré, présente
les indicateurs qui servent à évaluer la surface en
mètres carrés.

La ligne toise carrée contient aussi ceux qu'il faut
employer pour avoir la surface en toises carrées.

Les autres lignes offrent de même les indicateurs
qui leur sont propres.

On a mis au - dessus des colonnes verticales les
lettres initiales des espèces de mesures dans lesquelles
les deux dimensions sont données. Ainsi *m.m.* au-
dessus de la première colonne à gauche indiquent
que la hauteur et la largeur sont données en mètres.
t.t. dans la colonne suivante annoncent que les deux

dimensions ont été mesurées en toises. *t.P.* signifient l'une en toises, l'autre en pieds. *P.P.* toutes deux en pieds. *P.p.* l'une en pieds, l'autre en pouces. Enfin *p.p.* toutes deux en pouces.

Il reste à dire maintenant comment à l'aide de la table on peut opérer avec la règle.

La surface d'un parallélogramme, dont les deux dimensions n'ont pas été prises en mesures de même espèce que celle qu'on veut obtenir, est égale à sa base multipliée par sa hauteur, et divisée par un nombre qui varie suivant l'espèce des mesures données et cherchées.

L'opération étant réduite à une multiplication et division immédiate, il suffira (n.º 39) d'amener l'indicateur ou diviseur donné par la table, sous l'expression de la hauteur du parallélograme, pour avoir sa surface à la ligne supérieure au-dessus du nombre de la Coulisse qui exprime la grandeur de la base.

Exemple : Combien y a-t-il de toises carrées dans un jardin de 90 pieds de longueur sur 32 de largeur ?

Les deux dimensions étant données en pieds, il faut, pour avoir des toises carrées, prendre le nombre indicateur 36 qui se trouve à la rencontre de la ligne horizontale *toise carrée* et de la colonne *P.P.* Amenant ensuite cet indicateur 36, sous le nombre 32 expression de l'une des dimensions du jardin, on verra sur la ligne supérieure au-dessus de 90, expression de l'autre dimension, le nombre 80 qui exprime en toises carrées la valeur de la surface cherchée.

Lig. sup.   32 $x = 80$ toises carrées.

Coulisse.   36   90

Exemple 2.e : Combien y a-t-il de mètres carrés dans un mur de 22 toises de longueur sur une hauteur de 15 pieds ?

L'indicateur est 1.58 (ligne *mètre carré*, colonne *t.P.*); ainsi l'on aura :

Lig. sup.	22	$x = 208.86$ mètres carrés.
Coulisse.	1.58	15

Ce qu'on a dit de la mesure des surfaces des parallélogrammes s'applique à celle des *surfaces triangulaires*, puisqu'on sait qu'un triangle est égal en surface à la moitié d'un rectangle de même base et même *hauteur*.

De la mesure des Surfaces de l'Ellipse et du Cercle.

La surface d'une ellipse est égale à l'un de ses axes multiplié par l'autre et divisé par 1.273.

On voit d'après cela qu'en amenant 1.273 sous l'expression d'un des axes de l'ellipse, la valeur de sa surface se trouvera sur la ligne supérieure au-dessus du nombre de la Coulisse qui exprime la grandeur de l'autre axe.

Exemple : Quelle est la surface d'une ellipse dont le grand axe est 24 pouces et le petit 8 pouces ?

Lig. sup.	24	$x = 151$
Coulisse.	1.273	8

106. *La surface d'un cercle* est au carré de son diamètre comme 7.85 est à 10, c'est-à-dire qu'un cercle inscrit dans un carré de même base et même hauteur que son diamètre, contient sept dixièmes et 85 millièmes de la surface de ce carré.

La connaissance de cette proportion donne le moyen de transformer la Règle à Calcul en une table des surfaces de tous les cercles dont les diamètres sont connus.

En effet, lorsque 7.85 pris sur la Coulisse se trouvera sous 10 pris à la ligne supérieure, tous les nombres de la ligne inférieure, considérés comme exprimant la grandeur des diamètres des cercles, auront pour correspondans sur la Coulisse les nombres exprimant les surfaces des mêmes cercles; si donc on demandait combien il y a de pouces carrés dans chacune des surfaces des cercles dont les diamètres sont, par exemple, 4 pouces, 7 pouces, 9 pouces et demi, 11 pouces et demi, etc., etc., il suffirait d'amener 7.85 sous 10 pour avoir :

Ligne sup.	132.25	16	49	90.25	10
Coulisse..	$x=104$	$x=12.60$	$x=38.50$	$x=71$	7.85
Lig. infér.	11.50	4	7	9.50	

Les nombres de la Coulisse expriment en pouces carrés la grandeur des surfaces des cercles dont les diamètres ont été pris sur la ligne inférieure.

107. Dans cet état les nombres de la ligne supérieure qui correspondent à ceux que l'on a trouvés sur la Coulisse, expriment *la grandeur des carrés dans lesquels les cercles donnés pourraient être inscrits*, c'est-à-dire des carrés dont les côtés sont égaux aux diamètres des cercles.

108. Lorsqu'au lieu de 7.85 on amène sous 10 le nombre 0.795, les surfaces des cercles se trouvent sur la Coulisse au-dessus des nombres de la ligne inférieure qui expriment la grandeur de leurs circonférences (1). Ainsi, pour avoir en pouces carrés

_____

(1) La proportion dans ce cas est :

La surface du cercle est au carré de la circonférence comme 0.795 est à 10.

les surfaces des cercles dont les circonférences
sont, par exemple : 14 pouces, 27 pouces, 34
pouces, etc., etc., on amènera 0.795 sous 10, et
l'on verra :

Ligne sup.				10
Coulisse..	$x=15.60$	$x=58$	$x=92$	0.795
Lig. infér.	14	27	34	

109. *La grandeur du carré inscrit dans une circonférence* se trouve à la ligne supérieure au-dessus
du curseur, lorsqu'on amène le nombre 2 sur l'expression du diamètre prise à la ligne inférieure (1).
D'après cela, si l'on demandait quelle serait la surface
du carré à inscrire dans un cercle qui a 6 pouces
de diamètre, on amènerait 2 sur 6 pris à la ligne
inférieure, et l'on verrait :

Ligne sup.	$x=18$ pouces carrés.	
Coulisse..	1	2
Lig. infér.	4.245 pouces	6 pouces.

Dans cette opération le nombre de la ligne inférieure qui se trouve sous le curseur, exprime la
longueur du côté du carré inscrit dans la circonférence ; l'exemple ci-dessus donne 4.245 pouces
(très-près de 4 po. $^1/_4$) pour mesure du côté de la
surface qui contient 18 pouces carrés.

110. Si c'était la circonférence qui fût connue au
lieu du diamètre, l'opération se ferait de la même
manière, si ce n'est qu'au lieu du chiffre 2 de la
Coulisse il faudrait employer le nombre 19.7 (2).
En prenant pour exemple la circonférence dont la

---

(1) Cela revient à prendre la moitié du carré du diamètre
qui est ici l'hypothénuse.

(2) Cela revient à diviser le carré de la circonférence
par 19.7.

grandeur serait 18.85 pouces (6 pouces de diamètres), on trouvera, en effet :

Lig. sup..	$x = 18$ pouces carrés.
Coulisse..	1 19.7
Lig. infér.	18.85

Le résultat a été le même dans les deux opérations parce que le diamètre de 6 pouces et la circonférence de 18.85 pouces, appartiennent au même cercle.

De la mesure des Surfaces des Polygones réguliers.

111. *La surface d'un polygone régulier est égale au carré du* PÉRIMÈTRE *ou somme des grandeurs de tous les côtés, divisé par un nombre qui varie d'après celui des côtés du polygone.*

Voici les diviseurs servant à diviser les surfaces des divers polygones de 3 à 12 côtés.

Nombre de côtés.	indicateurs.	Nombre de côtés.	indicateurs.
3	20.8	8	13.25
4	16.	9	13.10
5	14.53	10	12.99
6	13.86	11	12.92
7	13.49	1	12.85

Exemple : Combien y a-t-il de pouces carrés dans un carreau à six pans dont le contour est 22 pouces (3 pouces 8 lignes sur chaque face) ? on fera :

Lig. sup.	484 $\left(\text{carré du périmètre} \right)$ $x = 34.90$ pouces carrés.
Coulisse.	13.86 1

La toise carrée contenant 5184 pouces carrés, on peut voir combien il faudrait de carreaux pour une toise de pavement.

On se dispense de faire le carré du périmètre, en amenant le diviseur sur le nombre de la ligne inférieure qui l'exprime. Ainsi, dans l'exemple ci-dessus, l'on aurait pu faire :

Ligne. sup.		$x = 34.90$
Coulisse. .	13.86	1
Lig. infér.	22	

DE LA MESURE DES SOLIDES.

§ 1.

Corps rectangulaires.

112. On sait que le volume d'un corps rectangulaire ou parallélipipède est égal à l'une des dimensions multipliée par le produit des deux autres. *Mais lorsque les trois dimensions du corps ne sont pas données en mesures de même espèce que celle dans laquelle on veut exprimer son volume, il faut diviser le résultat obtenu, par un nombre qui varie suivant les diverses mesures données et cherchées.*

TABLE

Des diviseurs ou indicateurs, servant à évaluer le volume ou la capacité des corps rectangulaires.

	d.d.d.	P.P.P.	P.p.p.	p.p.p.
Décim. cube ou litre.	1.	.0292	4.2	50.
Toise cube...	7400.	216.	31104.	373000.
Pied cube...	34.3	1.	144.	1728.
Pouce cube...	0.1994	.000579	83.3	1.
Velte......	7.45	.217	32.	379.
Pinte......	0.931	.0272	3.91	46.9

Les nombres placés sur les lignes horizontales intitulées *décimètre cube*, *toise cube*, *pied cube*, *pouce cube*, servent tout à la fois à évaluer le volume et la capacité en décimètre cube (litre), toise cube, pied cube et pouce cube. Les nombres des lignes *velte* et *pinte* ne servent qu'à déterminer la capacité dans l'une ou l'autre de ces mesures.

Les lettres qui se trouvent au-dessus des colonnes de nombres, sont les initiales des diverses mesures dans lesquelles les dimensions des corps peuvent être donnés.

d.d.d.   signifient les 3 dimensions en décim. ou mèt.

P.P.P.   id. . . . . . id. en pieds.

P.p.p.   id. l'une en pieds, deux en pouces.

p.p.p.   id. toutes trois en pouces.

113. Le volume d'un corps rectangulaire se trouvera sur la ligne supérieure au-dessus du produit de deux de ses dimensions, lorsqu'on aura amené le nombre indicateur pris sur la Coulisse sous l'expression de la troisième dimension.

Exemple : Combien y-t-il de mètres cubes dans un mur dont la longueur est 90 pieds, la hauteur 15 pieds, et l'épaisseur 2 pieds ?

Le produit de la longueur, 90 pieds, multipliée par l'épaisseur 2 pieds, est 180.

Le nombre indicateur est .0292 (ligne *décimètre cube*, colonne *P.P.P.*) ; ainsi l'on aura :

Lig. sup.	15 pieds	$x = 92.5$ mètres cubes.
Coulisse.	.0292	180

Exemple 2.e : Combien une écluse de 30 mètres de longueur, sur 7 de largeur et 9 de profondeur, peut-elle contenir de pieds cubes d'eau ?

Le produit de la profondeur 9 multipliée par la largeur 7, est 63.

L'indicateur (1) est 34.3 (ligne *pied cube*, colonne *d.d.*) ; on aura donc :

Lig. sup.   30 mètres $x = 55,100$ pieds cubes.
Coulisse..   .0343   63

114. *Toisé des bois de charpente.* Les marchés qu'on fait sur les chantiers pour la construction des charpentes et ceux des marchands qui s'approvisionnent dans les forêts, se font au *pied cube* ou *à la solive* (2). On mesure ordinairement la longueur des bois en pieds et les deux autres dimensions, prises au milieu, en pouces.

L'indicateur pour avoir la mesure en pieds cubes, est 144 ; pour les solives qui valent 3 pieds cubes, on prend 342, nombre triple de 144.

Exemple : Combien y a-t-il de solives dans une poutre de 25 pieds de longueur sur 14 pouces de largeur et 11 pouces d'épaisseur ?

Le produit de l'épaisseur 11 pouces, multipliée par la largeur 14 pouces, étant 154, on aura (n.° 113) sur la Règle :

Lig. sup.   25 (la longueur) $x = 8.91$ solives.
Coulisse.   432 (indicateur)   154

Exemple 2.ᵉ : Combien y a-t-il de pieds cubes

---

(1) L'indicateur 34.3 exprime le nombre de décimètres cubes contenus dans un pied cube ; mais dans l'exemple donné on a des mètres cubes qui sont mille fois plus grands que les décimètres cubes, et doivent par conséquent donner mille fois plus de pieds cubes que n'en donneraient des décimètres. Il faut pour cela que le diviseur 34.3 soit rendu mille fois plus petit, c'est-à-dire qu'il soit .0343.

(2) On appelle *solive* ou *pièce* une poutre qui a 6 pouces d'écarrissage sur 2 toises de longueur. Quand les pièces de bois n'ont pas ces dimensions, on les y ramène par le calcul en les estimant en solives ou fractions de solive.

dans une pièce de bois ayant 32 pieds de longueur sur 8 pouces de largeur et 7 pouces d'épaisseur ?

L'épaisseur, 7 pouces, multipliée par la largeur, 8 pouces, donnant 56, la Règle présentera :

Lig. sup.   32 (longueur) $x = 12.44$

Coulisse.   144 (indicateur)   56

Si le bois était carré, on pourrait se dispenser de multiplier la largeur par l'épaisseur, en prenant une seule de ces dimensions sur la ligne inférieure de la Règle.

On fait encore des marchés de bois où le prix est fixé par *mètre cube* ou *solive nouvelle*, et où par cette raison les quantités doivent être évaluées en mètres cubes. On se sert, dans ce cas, du nombre 4.2 pour indicateur, en mesurant toujours la longueur du bois en pieds et les deux autres dimensions en pouces.

Le bois en grume se mesure comme le bois écarri, c'est-à-dire qu'en amenant l'indicateur sous l'expression en pieds de la longueur, on trouve le volume au-dessus du nombre de pouces carrés contenus dans la circonférence. Mais pour compenser la perte que doit occasionner l'écarrissage, on ne compte que la surface du carré inscrit (n.ᵒˢ 109 et 110) dans cette circonférence, ou, ce qui revient au même, la surface d'une circonférence moins grande d'un cinquième que celle de l'arbre mesuré (1) au milieu de sa longueur.

Avant de prendre le carré inscrit dans une circonférence ou de diminuer cette circonférence d'un

---

(1) Quelquefois aussi, pour avoir la *grosseur moyenne* d'un arbre, on le mesure aux deux bouts, on ajoute les grandeurs trouvées, et l'on prend la moitié du tout.

cinquième, il convient d'en déduire 6 à 7 fois l'épaisseur de l'écorce : ainsi pour un arbre qui aurait 60 pouces de tour, si l'on suppose l'écorce épaisse d'un pouce, il faudrait retrancher 6 pouces et demi, et l'on n'aurait plus que 53 pouces et demi.

Les marchands se contentent le plus souvent de diminuer un cinquième de la circonférence et de prendre le quart de ce qui reste pour dimension, sur les deux sens, de l'arbre supposé équarri. Cette manière de toiser le bois est avantageuse à l'acheteur, mais peu exacte.

D'autres fois il arrive que, faute de comprendre l'opération qu'ils font, les ouvriers, au lieu de retrancher le cinquième de la circonférence des arbres qu'ils achètent, ne font la diminution que sur le nombre des pieds cubes (ou autres mesures) trouvés, ce qui cause une erreur très-préjudiciable pour eux, attendu que la différence d'un cinquième entre deux circonférences en donne une beaucoup plus grande entre leurs surfaces.

On va faire voir par un exemple les différences (1) que présentent dans le toisé des bois en grume les diverses méthodes dont on vient de parler.

Exemple : Combien y a-t-il de pieds cubes dans un arbre de 37 pieds de longueur sur une circonférence moyenne de 57 pouces ?

En supposant l'écorce épaisse de 9 lignes, on aura à déduire environ 5 pouces, ce qui ne laissera que 52 pour grandeur de la circonférence.

Le carré inscrit aura 137 pouces de surface (n.° 110.)

---

(1) Ces différences sont d'autant plus grandes que les arbres sont gros.

En amenant (n.ºs 113 et 114) l'indicateur, 144, sous la hauteur 37 (pieds) on aura sur la Règle :

Lig. sup.	37	$x = 35.25$ pieds cubes.
Coulisse.	144	137

L'arbre contient 35 pieds cubes et un quart.

Par la méthode de ceux qui déduisent le cinquième et prennent le quart du reste, on n'aurait trouvé que 33 pieds et un tiers.

Ceux qui ne font la déduction du cinquième que sur le nombre de pieds cubes trouvés, auraient eu pour l'arbre de 57 pouces, réduit à 52 pouces à cause de l'écorce, un résultat net de 44 pieds et un quart.

§. 2.

Cylindres.

115. *Le volume ou la capacité d'un cylindre est égal à sa hauteur multipliée par le carré de son diamètre et divisée par un nombre qui varie suivant les mesures données et cherchées.*

TABLE

Des diviseurs ou indicateurs, servant à évaluer le volume ou la capacité des cylindres.

	d. d.	P. p.	p. p.
Décimètre cube (litre).	1.273	5.35	64.2
Toise cube.	9430	39600	475000
Pied cube.	43.6	103.3	2200
Pouce cube.	.02525	.1061	.1273
Velte.	9.49	39.9	478
Pinte.	1.186	4.98	59.8

Ou

On lit, sur la Règle à Calcul, le volume ou la capacité d'un cylindre au-dessus de l'expression du diamètre prise à la ligne inférieure (ce qui est en même temps au-dessous du carré de ce diamètre), dès qu'on amène le nombre exprimant la hauteur sous l'indicateur donné par la table.

Exemple : Combien y a-t-il de pieds cubes dans une colonne dont le diamètre est 18 pouces et la hauteur 16 pieds ?

Amenant 16, expression de la hauteur, sous 183.3, indicateur donné par la table (ligne *pied cube*, colonne *P.p.*), on aura sur la Coulisse le volume cherché au-dessus du diamètre (18 pouces) pris sur la ligne inférieure; ainsi la Règle présentera :

Ligne supér. _______________________ 183.3 (indicateur)

Coulisse.... ___$x = 28.33$______ 16 (hauteur)

Ligne infér. ___18 (diamètre)

La colonne contient 28. 33 pieds cubes.

Exemple 2.ᵉ L'eau est à la hauteur de 9 mètres dans un puits dont le diamètre est 2 mètres : on demande combien il y a de mètres cubes d'eau dans ce puits ?

L'indicateur est 1.273 (ligne *décimètre*, colonne *d.d.*); ainsi l'on aura :

Lig. supér. 1.273 (indicateur)

Coulisse. . 9 (hauteur) ___$x = 28.28$.

Lig. infér. ___________________ 2 (diamètre)

Il y a dans le puits 28 mètres cubes plus 28 centièmes, ce qui fait 282 hectolitres et 80 litres.

116. *La capacité d'un tonneau se mesure comme*

4

celle d'un cylindre ayant pour diamètre le *diamètre moyen* du tonneau.

On obtient ce *diamètre moyen* en doublant le diamètre du bouge, en y ajoutant celui du fonds et en prenant le tiers du tout : sur quoi il faut encore observer que si les deux fonds n'avaient pas exactement le même diamètre, il faudrait prendre la demi-somme de leur diamètre pour diamètre du fond.

§. 3.

Sphères.

117. *Le volume d'une sphère est égal au cube de son diamètre, divisé par un nombre qui varie suivant l'espèce des mesures données et cherchées.*

DIVISEURS OU INDICATEURS

Servant à évaluer le volume ou la capacité des Sphères.

	d.	P.	p.
Décimètre cube.	1.91	.0557	96.3
Pied cube.	65.5	1.91	33oo
Pouce cube.	.0379	.001105	1.91

On obtient sur la ligne supérieure le volume d'une sphère, au-dessus de l'expression de son diamètre, en amenant l'indicateur, pris sur la Coulisse, au-dessus du diamètre pris une seconde fois sur la ligne inférieure.

Exemple : Combien y a-t-il de pieds cubes dans une sphère dont le diamètre est 5 décimètres ?

L'indicateur est 65.5 (ligne *pied cube*, colonne *d.*);
ainsi l'on aura :

Ligne sup. $x = 1.91$

Coulisse..   5 (diamètre)   65.5 (indicateur)

Lig. infér.   5 (diamètre)

La sphère contient 1.91 pied cube.

118. *Si, connaissant le volume de la sphère, on
demandait quel est son diamètre,* il faudrait renverser la Coulisse, puis amener sous l'expression du
volume, l'indicateur déterminé par les mesures
données et cherchées; en cet état le diamètre serait
le nombre qui se correspondrait à lui - même sur
la ligne inférieure et sur celle des échelles de la
Coulisse, qui est du côté du bouton.

Exemple : Quel est le diamètre en pouces de la
sphère qui contient 1.91 pied cube?

L'indicateur est 3300 (ligne *pied cube*, colonne *p.*)

En observant ce qui a été dit pour l'extraction
des racines cubiques (n.° 62), on amènera 3300
sous 1.91 pris dans la première échelle à gauche,
de la ligne supérieure, et l'on verra :

Ligne supérieure.   1.91 (volume)

Coulis. renversée.   3300 (indicateur) $x = 18.45$

Ligne inférieure. $x = 18.45$

Le diamètre 18.45 pouces (très-près de 18 pouces
et demi.)

119. *Le poids des corps* rectangulaires cylindriques et sphériques se détermine comme leur volume à l'aide de diviseurs qui varient suivant la
nature des substances dont ils sont composés.

INSTRUCTION

TABLE DES DIVISEURS OU INDICATEURS

Servant à évaluer en kilogrammes le poids des corps rectangulaires, cylindriques et sphériques, dont les dimensions sont exprimées en mètres ou parties décimales du mètre.

	CORPS rectangul.	CYLINDRES.	SPHÈRES.	(1) PESANTEURS spécifiques.
Eau	1.	1.273	1.91	1.
Platine.	0.477	0.061	0.0912	20.98
Or.	0.052	0.0661	0.0992	19.25
Mercure.	0.0736	0.094	0.142	13.57
Argent.	0.0955	0.121	1.182	10.47
Cuivre.	0.1124	0.143	0.215	8.90
Fer.	0.1282	0.163	0.242	7.79
Fonte blanche. . .	0.1515	0.1935	0.29	6.60
Fonte grise. . . .	0.146	0.186	0.279	6.86
Fonte noire. . . .	0.1375	0.176	0.263	7.26
Etain.	0.1372	0.174	0.262	7.29
Zinc.	0.1442	0.184	0.275	6.93
Plomb.	0.088	0.1122	0.167	11.35
Marbre.	0.368	0.469	0.703	2.72
Pierre à bâtir. . .	0.48	0.612	0.92	2.08
Pierre à plâtre. . .	0.453	0.575	0.86	2.21
Pierre meulière. .	0.4	0.51	0.763	2.50
Craie et grès. . . .	0.435	0.552	0.828	2.30
Charbon de terre. . } Buis de Hollande. . }	0.758	0.97	0.145	1.32
Cœur de chêne. . .	0.855	1.09	1.63	1.17
Acajou.	0.962	1.22	1.83	1.04
Buis de France. . .	1.1	1.4	2.1	0.91
Hêtre.	0.852	1.49	2.23	0.852
Frêne.	1.18	1.5	2.25	0.845
Aune.	1.25	1.59	2.38	0.8
Cerisier.	1.4	1.78	2.67	0.715
Noyer et orme. . .	1.49	1.9	2.85	0.671
Poirier.	1.515	1.94	2.89	0.661
Tilleul et noisetier.	1.65	2.1	3.15	0.604
Sapin.	1.82	2.32	2.47	0.550
Peuplier.	2.61	3.33	4.98	0.383

(1) On a mis à côté des indicateurs le poids spécifique de chaque substance, pour donner la facilité de vérifier les opérations.

Le poids d'un corps rectangulaire est égal à l'une de ses dimensions multipliée par le produit des deux autres et divisée par le nombre indicateur.

Exemple : Combien pèse un bloc de pierre dont l'épaisseur est 58 centimètres et chacune des deux autres dimensions de 1 mètre ou 10 décimètres ?

L'indicateur est 0.48 (ligne *pierre à bâtir*, colonne *corps rectangulaires.*)

Le produit des deux dimensions de chacune 10 décimètres est 100 décimètres ; ainsi l'on aura (n.º 113.)

Lig. sup.	5.8 (décimèt.)	$x = $ 1209 kilog.
Coulisse.	0.48 (indicateur)	100 (décimèt.)

120. *Le poids d'un cylindre est égal au carré de son diamètre multiplié par sa hauteur et divisé par le nombre indicateur.*

Si donc on amène l'indicateur sous le carré du diamètre, ou ce qui est la même chose, sur l'expression de ce diamètre prise à la ligne inférieure de la Règle, on trouvera le poids cherché, sur la ligne supérieure, au-dessus du nombre exprimant la hauteur du cylindre.

Exemple : Quel est le poids d'une meule de moulin qui a 1.95 mètre de diamètre sur une épaisseur de 50 centimètres?

L'indicateur est 0.51 (ligne *pierre meulière*, colonne *cylindre*); ainsi l'on aura :

Lig. supér.	3.80 (carré du diamèt.)	$x = $ 3725 kilog.
Coulisse..	0.51 (indicateur)	50 (hauteur.)
Lig. infér.	1.95 (diamètre.)	

La meule pèse 3725 kilogrammes.

121. Un *cône* se mesure comme un cylindre dont

la hauteur serait égale au tiers de celle du cône et le diamètre semblable à celui de la base.

122. Un *cône tronqué* se mesure comme un cylindre de même hauteur, ayant pour diamètre la demi-somme des diamètres supérieur et inférieur du cône.

123. *Le poids d'une sphère est égal au cube de son diamètre divisé par le nombre indicateur.* On l'obtient à la ligne supérieure au-dessus du diamètre, en amenant l'indicateur, pris sur la Coulisse, au-dessus du diamètre pris une seconde fois à la ligne inférieure. (1)

Exemple : Quel est le poids d'un boulet de fonte grise dont le diamètre est de 148 millimètres ?

L'indicateur est 0.279 (ligne *fonte grise*, colonne *sphère*); ainsi l'on aura :

Lig. sup.		$x = 11.60$
Coulisse.	0.279 (indicateur)	148
Lig. infér.	148 (diamèt.)	

Le boulet pèse 11.60 kilogrammes.

124. Pour trouver *le diamètre d'une sphère dont on connaît le poids*, il faut renverser la Coulisse et placer l'indicateur sous l'expression du poids prise à la ligne supérieure (2); en cet état le diamètre est le nombre qui se correspond à lui même sur la ligne inférieure et sur celle des échelles de la Coulisse qui est du côté du bouton.

______

(1) Cela revient à diviser le carré du diamètre par l'indicateur, et à multiplier le quotient par le diamètre.

(2) En observant ce qui a été dit, n.° 62, sur les nombres dont on cherche la racine cubique et qu'on doit prendre sur l'une ou l'autre échelle, suivant qu'ils sont inférieurs à dix, à cent ou à mille.

Exemple : Quel est le diamètre d'une boule de marbre qui pèse 17.30 kilogrammes ?

L'indicateur est 0.703 (ligne *marbre,* colonne *sphère*); ainsi l'on aura :

Lig. supérieure. 17.30

Coulisse renver. 0.703 $x = 2.30$

Ligne inférieure. $x = 2.30$

Le diamètre est 2 décimètres 30 millimètres.

Prisme ayant pour base un Polygone régulier.

125. *Le volume d'un prisme dont la base est un polygone régulier, est égal au carré du périmètre de ce polygone, multiplié par la hauteur du prisme et divisé par un nombre qui varie suivant le nombre des côtés du polygone.*

Les diviseurs à employer sont ceux qui servent pour la mesure des surfaces des polygones. (Voy. n.° 111.)

Exemple : Combien pourrait-il y avoir de mètres cubes d'eau dans un bassin de pierre, ayant six côtés dont la mesure intérieure est de trois mètres pour chacun ou 18 mètres pour le tout, sur une profondeur de 50 centimètres ?

L'indicateur est 13.86 (n.° 111); ainsi l'on aura sur la Règle :

Lig. supér. 324 (carré) $x = 11.70$ mètres cubes.

Coulisse... 13.86   50 (hauteur.)

(1) Lig. infér. 18 (périmèt.)

---

(1) On se dispense de faire le carré du périmètre en prenant, comme ci-dessus, ce périmètre à la ligne inférieure.

126. *Une pyramide se mesure comme un prisme de même base, mais dont la hauteur serait égale au tiers de celle de la pyramide.*

Manière de trouver les Nombres indicateurs.

127. Ce qu'on a dit plus haut sur l'usage des nombres indicateurs ayant pu, mieux qu'une dé- finition (1), en donner une juste idée, on va ex-

---

(1) La seule définition qu'on puisse donner des nombres indicateurs, c'est qu'ils sont les quatrièmes termes de propor- tions dont les trois autres sont connus : en effet, on a pu voir dans chaque exemple une proportion qui est :

Pour la mesure des Surfaces :

Parallélogrammes,

Surface : une des dimensions : : l'autre dimension : indicateur
Ellipses,

Surface : un des axes : : l'autre axe : indicateur
Cercles,

Surface : carré du diamètre : : 10 : 7.85

Pour la mesure des Solides :

Parallélipipèdes,

Volume ou poids : produit de 2 des dimensions : : 3.ᵉ dimen- sion : indicateur

Cylindres,

Volume ou poids : carré du diamèt. : : hauteur : indicateur
Sphères,

Volume ou poids : diamèt. : : carré du diam. : indicateur

ou

Volume ou poids : 1 : : cube du diamètre : indicateur

On peut facilement trouver un des quatre nombres de ces proportions quand les trois autres sont connus, et par-là même déterminer une des dimensions d'un corps lorsqu'on con- naît son volume ou son poids et ses autres dimensions.

pliquer, à l'aide de quelques exemples , comment on a trouvé ces nombres.

128. *Exemple 1.er* : Quel est l'indicateur à employer pour évaluer en toises carrées les parallélogrammes dont les dimensions ont été mesurées en mètres ?

Une toise en longueur vaut (n.º 17) 1.95 mètre : si l'on suppose une surface rectangulaire qui ait une toise de base et une toise de hauteur, cette surface sera exactement une toise carrée. Pour avoir en mètres la mesure de la surface, il faudra élever au carré 1.95 mètre, mesure de chacun des côtés, et l'on aura 3.8 mètres carrés pour grandeur de la toise carrée. On en conclura que lorsque la grandeur d'une surface sera exprimée par un nombre quelconque de mètres carrés, il faudra diviser ce nombre par 3.8 pour avoir en toises carrées la mesure de la même surface.

Ce diviseur 3.8 sera l'indicateur demandé.

129. *Exemple 2.e* : Quel serait l'indicateur à employer si les deux dimensions étaient données en mesures d'espèces différentes , par exemple, l'une en pieds et l'autre en pouces ?

Ainsi, par exemple , si l'on demandait quelle est l'épaisseur d'une table en marbre , de 90 centimètres de long sur 35 de large , et dont le poids est 21 k.º 42.

On aurait pour premier terme le produit des deux dimensions connues , 90 et 35 , lequel produit est 3150 ; pour 2.e terme 21 k.º 42 , expression du poids ; et pour 3.e terme l'indicateur qui est 0.368 (ligne *marbre*, colonne *corps rectang.*) en faisant la proportion on aurait sur la Règle :

Ligne. sup. 3150   0.368

Coulisse. . .   21.42 $x = 2.5$

L'épaisseur de la table de marbre serait 2 centimètres et demi.

4*

Une toise en longueur vaut en pieds 6 et en pouces 72 : en multipliant ces deux nombres, 6 et 72, on aura 432 qui exprime la quantité de *pieds-pouces* contenus dans une toise carrée, c'est-à-dire que le produit 432 exprime combien une toise carrée contient de petits parallélogrammes d'un pied de base sur un pouce de hauteur. Lors donc que la grandeur d'une surface sera exprimée par un certain nombre de *pieds-pouces*, il faudra diviser ce nombre par 432 pour avoir en toises carrées la valeur de cette surface ; en conséquence 432 sera le diviseur ou indicateur à employer pour évaluer en toises carrées la grandeur de tous les parallélogrammes dont on aura mesuré une dimension en pouces et l'autre en pieds.

130. Pour *les ellipses*, l'indicateur est le nombre qui exprime le rapport de la surface de ces figures avec celle de parallélogrammes qui auraient un des axes pour base, et l'autre pour hauteur.

Il en est de même pour *les cercles*.

131. *Exemple 3.ᵉ :* Quel serait l'indicateur à employer pour évaluer en toises cubes les parallélipipèdes dont les dimensions auraient été mesurées en mètres ?

Si l'on suppose une toise cube, et qu'on veuille savoir combien elle renferme de mètres cubes, il faudra élever au cube (n.º 59) le nombre 1.95 qui exprime en mètres la longueur d'une toise. On trouvera pour résultat le nombre 7.40 qui indiquant la quantité de mètres cubes contenus dans une toise cube, sera le diviseur ou indicateur cherché.

132. *Exemple 4.ᵉ :* Quel serait le diviseur à employer si les trois dimensions n'étaient pas données en mesures de même espèce, par exemple, si l'une

avait été mesurée en pieds et les deux autres en pouces ?

Les deux dimensions de la toise cube mesurées en pouces valent chacune 72 (pouces) : en les multipliant l'une par l'autre, on aura pour produit 5184 ; ce nombre multiplié par 6, expression en pieds de la troisième dimension, donnera 31,104. Ce dernier nombre, qui exprime combien une toise cube contient de parallélipipèdes d'un pied de hauteur sur un pouce carré de base, sera l'indicateur demandé.

133. Les indicateurs pour les cylindres et les sphères sont en raison inverse du rapport de ces corps comparés au cube de même hauteur, c'est-à-dire que pour le cylindre et la sphère qui, comme on le sait, sont moindres en volume que le cube de même hauteur, les indicateurs augmentent en proportion de la diminution du volume à mesurer.

Ainsi le cylindre dont la hauteur et le diamètre sont égaux à la hauteur d'un cube, étant à ce cube comme 0.7854 est à 1, l'indicateur pour le cylindre sera à l'indicateur pour le cube comme 1 est à 0.7854.

Par la même raison, la sphère étant au cube de même hauteur comme 0.5236 est à 1, l'indicateur pour la sphère sera à l'indicateur pour le cube comme 1 est à 0.5236.

D'après cela, si l'on avait à déterminer en pieds cubes le volume de sphères dont les diamètres seraient donnés en pouces, il faudrait chercher d'abord l'indicateur servant à évaluer en pieds cubes les parallélipipèdes dont les trois dimensions sont données en pouces. On trouverait (n.º 112) que cet indicateur est 1728. Faisant ensuite la proportion 0.5236 : 1 :: 1728 : x, on aurait pour 4.ᵉ terme le nombre 3300 qui est l'indicateur cherché.

Il en serait de même pour les cylindres, dont le diamètre et la hauteur auraient été mesurés en pouces. En faisant la proportion 0.7854 : 1 :: 1728 : x, le 4.e terme ou indicateur serait 2200.

Lorsque les mesures données sont de même nature que celle dans laquelle ont veut exprimer le volume, l'indicateur pour les parallélipipèdes est 1, pour les cylindres c'est 1.273, et pour les sphères 1.91. C'est, en effet, ce qu'on voit par les proportions :

$$0.7854 : 1 :: 1 : x = 1.273.$$
$$0.5236 : 1 :: 1 : x = 1.91.$$

134. Pour les pesanteurs, les indicateurs sont en raison inverse des poids spécifiques et des volumes, c'est-à-dire que pour les corps pesans les indicateurs sont plus petits que pour les corps légers, pour les cubes plus petits que pour les cylindres, et pour les cylindres plus petits que pour les sphères.

Ces indicateurs s'obtiennent par les proportions suivantes :

Pour les parallélipipèdes,

   Poids spécifique : 1 :: 1 : indicateur

Pour les cylindres,

   Poids spécifique : 1 :: 1.273 : indicateur

Pour les sphères,

   Poids spécifique : 1 :: 1.91 : indicateur

D'après cela on peut voir que si l'on amène le poids spécifique d'une substance sous le nombre *un*, on aura l'indicateur pour les parallélipipèdes au-dessus de 1, l'indicateur pour les cylindres au-dessus de 1.273, et l'indicateur pour les sphères au-dessus de 1.91.

En effet : en amenant sous *un* le nombre 8.90, poids spécifique du cuivre, on aura :

Lig. sup.	$x = 0,1124$	$x = 0.143$	$x = 0.215$	1
Coulisse.	1	1,273	1.91	8.90

Les nombres de la ligne supérieure sont les indicateurs cherchés.

135. On a gravé sur le revers de la Règle de 36 centimètres la table ci-après, qui exprime sans fractions les rapports de 16 espèces de poids ou mesures.

4 Myriamètres.. $=$ 9.25 Lieues.	73 Hectolitres. $=$ 46 Setiers.
76 Mètres. . . . . $=$ 39 Toises.	27 Litres. . . $=$ 29 Pintes.
19 Mètres. . . . $=$ 16 Aunes.	23 Kilogram. $=$ 47 Livres.
15 Décimètres. . $=$ 4 Pieds.	11 Hectogr. . $=$ 56 Onces.
19 Centimèt. . . $=$ 7 Pouces.	8 Décigram.. $=$ 15 Grains.
19 Mèt. carrés.. $=$ 5 Tois. carrées.	16 Pi. anglais. $=$ 13 Pi. français.
40 Hectares. . . $=$ 117 Arp. de Paris.	100 Liv. angl.. $=$ 91 Liv. franç.
57 Mèt. cubes.. $=$ 5 Toises cubes.	29 Francs. . . $=$ 5 Ecus de 6 liv.

On conçoit facilement l'avantage des rapports ainsi exprimés pour calculer avec exactitude, car il est beaucoup plus commode d'employer les nombres entiers que ceux qui sont accompagnés de 2 et quelquesfois même de 3 chiffres décimaux ; ainsi que cela arrive, par exemple, pour exprimer les rapports d'un mètre avec un pied ou avec une aune.

A l'occasion des rapports exprimés sans fractions, on peut dire encore que le diamètre est à la circonférence comme 7 est à 22.

136. On trouve encore sur le revers de la Règle de $0^m.36$ les deux tables ci-jointes dont la première donne les poids en kilogrammes des parallélipipèdes, des cylindres et des sphères mesurés en décimètres et centimètres, et la seconde les poids en livres des mêmes corps mesurés en pieds et pouces.

Poids en kilogrammes des Solides mesurés en décimètres et centimètres.

	PARALLÉLIPIPÈDE.			CYLINDRE.		SPHÈRE.	
	D D D	D c c	c c c	D c	c c	D	c
Platine.	20.534	0.2033	0.0203	0.1597	0.0160	10.646	0 0106
Or.	19.560	0.1956	0.0194	0.1521	0 0152	10.370	0.0104
Mercure.	13 565	0.1356	0.0136	0.1065	0 0107	7.103	0.0071
Plomb.	11.350	0.1135	0 0114	0.0891	0.0089	5.943	0.0059
Argent.	10.509	0.1051	0 0105	0.0825	0.0083	5.503	0.0055
Cuivre rouge. . .	8.8782	0.0888	0.0089	0.0697	0.0070	4.6486	0.0046
Fer.	7.7882	0 0779	0.0078	0.0612	0 0061	4.0779	0.0041
Etain.	7.2981	0.0730	0.0073	0.0578	0 0057	3.0213	0.0038
Marbre.	2 7157	0.0272	0.0027	0 0213	0.0021	1.4219	0.0014
Soufre.	2.0397	0.0203	0 0020	0 0160	0 0016	1.0644	0.0011
Eau.	1.0000	0.0100	0.0010	0.0079	0.0008	0.5236	0.0005
Vin	0 .9914	0.0099	0.0010	0.0078	0.0008	0.5191	0.0005
Huile d'olive. . .	0 9152	0.0092	0.0009	0 0072	0.0007	0.4792	0.0005
Alcool.	0.8569	0.0084	0.0008	0.0066	0 0007	0.4382	0.0004
Air atmosphérique (en grammes.)	1.2322	0.0123	0.0012	0.0097	0 0010	0.6452	0.0006

Poids en livres, poids de marc, des Solides mesurés en pieds et pouces.

	PARALLÉLIPIPÈDE.			CYLINDRE.		SPHÈRE.	
	P P P	P p p	p p p	P p	p p	P	p
Platine.	1423 5	9.8854	0.8257	7.764	0.6470	7.4531	0.4313
Or.	1555.4	9.4125	0.7845	7.595	0.6160	709.68	0.4106
Mercure.	949.7	6.5950	0.5495	5.180	0.4316	497.25	0.2878
Plomb.	704.6	5.5182	0.4598	4.334	0.3611	416.06	0 2408
Argent.	755.7	5.1090	0.4257	4.013	0.3343	385.23	0.2222
Cuivre rouge. . .	621.56	4 3164	0.6596	3.590	0.2825	325 45	0.1881
Fer.	545.25	3.7865	0.3155	2.294	0.2422	285.49	0.1652
Etain.	510 94	3.5482	0.2956	2 787	0.2322	267.52	0.1548
Marbre. ·	190.12	1.5203	0 1100	1.037	0 0864	99.55	0.0576
Soufre.	142.31	0 9885	0.0823	0.776	0.0646	74 52	0.0451
Eau.	70 00	0.4861	0.0405	0.582	0.0318	56.65	0.0212
Vin.	69 40	0 4820	0.0401	0.578	0 0315	36 34	0 0210
Huile d'olive. . .	64 07	0.4449	0 0360	0 349	0 0291	33.55	0 0195
Alcool.	58 59	0.4069	0 0338	0 320	0 0267	50.68	0.0178
Air atmosphérique (en gros ou 8ᵉ d'once.)	11.040	0.0767	0.0004	0 0602	0.0050	5.7816	0.0033

On va dire comment à l'aide de ces tables on peut évaluer le poids des corps rectangulaires, cylindriques ou sphériques qui peuvent être formés des diverses substances qui y sont indiquées.

137. *Pour déterminer le poids d'un corps rectangulaire*, on multiplie l'une par l'autre les trois dimensions du corps donné, et lorsqu'on a le produit on le multiplie par le nombre qu'indique la table.

Exemple : Quel est le poids en kilogrammes d'un morceau de fer qui a 6 décimètres de hauteur sur 5 centimètres de largeur et 3 centimètres d'épaisseur ?

Le produit des trois dimensions 6, 5 et 3, multipliées l'une par l'autre, est 90.

La table indique (ligne *fer;* colonne D c c, *parallélipipède*) que le poids d'un parallélipipède d'un centimètre de hauteur sur un centimètre carré de base est o k.° 0779 ; ainsi l'on aura :

Lig. sup.	0.0779	$x = 7$ k.° o1
Coulisse.	1	90

Le morceau de fer pèse 7 kilog. et *un* décagramme.

138. *Pour les cylindres,* on multiplie la hauteur par le carré du diamètre, et le produit par le nombre qu'indique la table.

Exemple : Combien pèse en livres (poids de marc) une colonne de marbre qui a 8 pieds de hauteur sur 9 pouces de diamètre?

Le carré du diamètre sera 81 (pouces) qui, multiplié par la hauteur 8 (pieds), donnera 648.

La table indique (ligne *marbre,* colonne P. p. *cylindre*) que le poids d'un cylindre d'un pied de hauteur sur un pouce de diamètre est 1 liv. o37 ; ainsi l'on aura :

Lig. sup.	1 liv. 037	$x = 672$ liv.
Coulisse.	1	648

La colonne de marbre pèse 672 livres (poids de marc.)

139. *Pour les sphères*, il suffit de multiplier le cube du diamètre par le nombre qu'indique la table.

Exemple : Quel est le poids en kilogrammes d'une boule de cuivre dont le diamètre est 5 centimètres ?

Le cube de 5 est 225.

La table indique (ligne *cuivre*, colonne c. *sphère*) que le poids d'une sphère en cuivre, d'un centimètre de diamètre, est 0 k.° 0046 ; ainsi l'on aura :

Lig. sup.	0.0046	$x = 1$ k.° 035
Coulisse.	1	225

La boule de cuivre pèse 1 kilogramme et 35 grammes.

140. Si l'on voulait ajouter à la table les nombres relatifs à d'autres substances, il suffirait d'amener le curseur sous le poids spécifique de la substance donnée, et en cet état les nombres cherchés, pour chaque volume, seraient à la ligne supérieure de la Règle, au-dessus des nombres indiqués pour les mêmes volumes, à la ligne *eau*, de la table.

Ainsi pour avoir, par exemple, les nombres relatifs à la fonte de fer dont le poids spécifique est 6.86 (pour la fonte grise), on amènerait 1 sous 6.86, et l'on verrait :

6.86	$x = 0.0686$	$x = 0.0068$	$x = 0.0542$	$x = 0.0055$	$x = 3.5918$	$x = 0.0034$ etc., etc.
1	0.0100	0.0010	0.0079	0.0008	0.5236	0.0005 etc., etc.

TROISIÈME PARTIE.

Revers de la Coulisse.

Des Logarithmes.

4½1. LES logarithmes sont des nombres en *progression arithmétique* (1) qui répondent terme pour terme à autant de nombres en *progression géométrique* (2).

Ainsi, par exemple, si l'on a la progression arithmétique et la proportion géométrique suivantes ,

Géom. 1 : 2 : 4 : 8 : 16 : 32 : 64 : 128 : 256 : 512 : 1024, etc., etc.
Arith. 0. 1. 2. 3. 4. 5. 6. 7. 8. 9. 10., etc., etc.

Chaque nombre de la ligne inférieure est le logarithme du nombre qui se trouve au-dessus de lui dans la ligne supérieure.

142. Lorsqu'on ajoute le logarithme d'un nombre à celui d'un autre nombre, on a pour total le logarithme du produit de la multiplication de ces deux nombres l'un par l'autre.

---

(1) On appelle *progression arithmétique* une suite de nombres qui ont entre eux la même différence , c'est-à-dire une suite de nombres dont chacun surpasse celui qui le précède ou en est surpassé de la même quantité; ainsi , par exemple , les nombres 0. 1. 2. 3. 4. 5. 6. 7. 8. 9. 10. etc., forment une progression arithmétique dont les termes ont entre eux la même différence qui est *un*.

(2) On appelle *progression géométrique* une suite de nombres dont chacun contient également le suivant ou y est également contenu , c'est-à-dire une suite de nombres dont chacun contient celui qui le précède ou est contenu en lui le même nombre de fois ; ainsi , par exemple, les nombres 1 : 2 : 4 : 8 : 16 : 32 : 64 : 128 : 256 : 512 : 1024 : etc., forment une progression géométrique dont chaque terme contient celui qui le précède le même nombre de fois qui est *deux*.

143. Quand du logarithme d'un nombre on retranche le logarithme d'un autre nombre, on a pour reste le logarithme du quotient de la division du premier nombre par le second.

144. Lorsqu'on multiplie le logarithme d'un nombre par 2 ou par 3 ou par 4, etc., on a pour produit le logarithme de ce nombre élevé à la 2.ᵉ ou à la 3.ᵉ ou à la 4.ᵉ puissance, etc., c'est-à-dire multiplié de suite 2 ou 3 ou 4 fois par lui-même.

145. Pareillement lorsqu'on divise le logarithme d'un nombre par 2 ou par 3 ou par 4, etc., etc., on a pour quotient le logarithme de la racine carrée ou cubique ou quatrième, etc., etc., de ce nombre.

146. On n'emploie guères les logarithmes dans les calculs relatifs au commerce et aux arts; mais dans les hautes sciences mathématiques, et lorsqu'on opère sur des nombres élevés, ils épargnent beaucoup de fatigue et de temps.

147. On va dire maintenant comment la Règle à Calcul peut tenir lieu de tables de logarithmes (1).

Les nombres marqués sur la ligne inférieure du revers de la Coulisse sont les logarithmes des nombres marqués sur la ligne inférieure du revers de la Coulisse.

148. Lorsqu'on amène le premier *un* de la Coulisse sur l'un des nombres de la ligne inférieure de

---

(1) On a donné le nom de tables de logarithmes à une progression géométrique et à une progression arithmétique mises en regard, et dont les nombres sont rangés dans des colonnes verticales, de manière que le premier nombre d'une des progressions se trouve à côté du premier nombre de l'autre progression, le second à côté du second, et ainsi de suite.

Dans les tables ordinaires chaque progression se compose d'au moins dix mille nombres.

la Règle, le logarithme de ce nombre est marqué par l'extrémité droite de la Règle sur la ligne inférieure du revers de la Coulisse.

149. Réciproquement lorsqu'on amène contre l'extrémité droite de la Règle l'un des nombres ou *logarithmes* marqués sur la ligne inférieure du revers de la Coulisse, le premier *un* de la Coulisse a pour correspondant, sur la ligne inférieure de la Règle, le nombre auquel appartient le logarithme amené.

150. Si le nombre dont on veut avoir le logarithme, était composé de plusieurs chiffres, il faudrait ajouter à celui qu'on trouverait sur le revers de la Coulisse, autant de fois mille qu'il y aurait de chiffres, moins un, dans le nombre donné. Ainsi lorsqu'on cherchera, par exemple, le logarithme du nombre 143, qui est composé de 3 chiffres, et qu'on aura trouvé que l'extrémité de la Règle marque sur le revers de la Coulisse le nombre 154, on ajoutera 2000 à ce logarithme, et l'on aura 2154.

151. Comme un logarithme ainsi augmenté, ne se trouvant plus sur le revers de la Coulisse, ne peut pas être amené à l'extrémité de la Règle, il faut, pour ce cas, en ôter autant de fois mille que cela peut être nécessaire pour qu'il n'excède pas mille. L'opération se finit avec ce logarithme ainsi diminué; après quoi l'on ajoute au résultat trouvé, autant de zéros qu'on a de fois ôté mille au logarithme.

De la formation des Puissances.

152. D'après ce qui vient d'être dit (n.ᵒˢ 144 et 148), si l'on demandait quelle est la cinquième puissance du nombre 7, c'est-à-dire quel est le produit de la multiplication de ce nombre cinq fois de suite par lui-même, on amènerait le premier *un* de la Coulisse au-

dessus de 7 pris sur la ligne inférieure de la Règle ; puis retournant l'instrument, on verrait sur la ligne inférieure du revers de la Coulisse (fig. 20), que l'extrémité de la Règle marque le nombre 845 (1). Multipliant ce nombre par 5 , on aurait pour produit 4225 qui serait le logarithme de la cinquième puissance de 7 (n.° 148.)

Comme on ne trouve pas sur le revers de la Coulisse un nombre aussi élevé que 4225, il faudrait (n.° 151) en ôter 4000, et le reste serait 225.

Après avoir amené ce nombre 225 contre l'extrémité de la Règle, on retournerait l'instrument, et l'on verrait que le curseur marque sur la ligne inférieure le nombre 1.68, à quoi ajoutant 4 zéros (n.° 151), on aurait 16800.00 pour cinquième puissance du nombre 7 ; ce qui est juste à $\frac{7}{16807}$ près, cette puissance étant réellement 16,807.

De l'extraction des Racines des degrés supérieurs au troisième.

153. En se conformant également à ce qui a été dit n.°ˢ 145 et 148, si l'on demandait, par exemple, quelle est la racine cinquième du nombre 1024, on amènerait le premier *un* de la Coulisse au-dessus de 1024 pris sur la ligne inférieure, et l'on verrait (fig. 21), en retournant la Règle, que son extrémité marque, sur la ligne inférieure du revers de la Coulisse, le nombre 11 auquel il faudrait ajouter 3000 (le nombre proposé 1024 étant composé de 4 chiffres) : on aurait donc 3011 , qui, divisé par 5 , nombre caractéris-

---

(1) On remarquera que , d'après la série des nombres écrits sur la ligne inférieure du revers de la Coulisse , l'espace entre chaque trait représente deux unités ou quarts de millimètres.

Formation des puissances
Cinquième puissance de 7.
Fig. 19.
Face.
5 6 7 8 9 10
1 2
7 8 9 10
Revers.
5 5 5 5 5
110 120 130 140 150
800
Extraction des racines des degrés
supérieurs au troisième.
Racine cinquième de 1024.
Fig. 20.
Face
1 2 3
1 2
1 2 3 4 5 6 7
Revers.
4 4 4 4 4 4
100 110 120 130 140 150

[illegible]
p[illegible]
et[illegible]
inf[illegible]
et[illegible]
lig[illegible]
est[illegible]

[illegible]
y[illegible]
na[illegible]
esp[illegible]
pro[illegible]
n'[illegible]
fau[illegible]
pour[illegible]
nai[illegible]
un [illegible]
La[illegible]
de la[illegible]
néce[illegible]
table[illegible]
des[illegible]
cher[illegible]
autr[illegible]
cham[illegible]
le pr[illegible]
C'[illegible]
la Ré[illegible]
Les[illegible]
[illegible]
le s[illegible]
senté[illegible]

tique du degré de la racine cherchée, donnerait 602 pour quotient.

On disposerait ensuite la Coulisse de manière que ce dernier nombre, 602, fût marqué sur la ligne inférieure de son revers par l'extrémité de la Règle, et dans cet état le curseur correspondrait sur la ligne inférieure de la Règle avec le nombre 4, qui est la racine demandée.

Théorie de la Règle à Calcul.

154. On n'a jusqu'à présent parlé que des effets qu'on peut obtenir avec la Règle à Calcul, sans faire connaître les causes qui les produisent, parce que ces explications, qui ne sont nullement nécessaires pour profiter des avantages que présente l'instrument, n'auraient pu être comprises que par les personnes familiarisées avec le calcul logarithmique. Cependant pour celles de ces personnes qui voudraient connaître la théorie de la Règle, on croit devoir dire un mot de sa construction.

La difficulté d'avoir toujours sous la main les tables de logarithmes, jointe à la perte de temps qu'entraîne nécessairement la recherche des nombres dans ces tables, a fait imaginer de réduire en lignes la valeur des logarithmes, pour pouvoir ajouter ou retrancher ces lignes en les mettant les unes à la suite des autres, ou l'une sur l'autre, et découvrir sur - le - champ, par ce moyen et sans le secours de la plume, le produit ou le quotient de deux nombres donnés.

C'est à cette idée que se rattache l'invention de la Règle à Calcul.

Les espaces compris entre le premier trait à la gauche de chaque échelle, et chacun des traits qui le suivent, sont les logarithmes des nombres représentés par ces traits, c'est-à-dire que ces espaces sont entre eux dans la même proportion que les logarithmes de ces nombres : ainsi, lorsqu'on trouve dans les tables que le logarithme de 10 est 1.00000, que celui de 9 est 0.95424, que celui de 8 est 0.90309, etc., etc., on doit conclure que si l'on divisait en 100,000 parties l'espace compris entre le premier trait et celui qui correspond au nombre 10, il y aurait 95,424 de ces parties, depuis le premier trait jusqu'au nombre *neuf*, 90,309 jusqu'au nombre *huit*, etc., etc.

Cela posé, on va faire voir que l'on opère avec la Règle à Calcul, de la même manière qu'avec les tables de logarithmes.

En effet : l'arithmétique apprend que, *pour faire une multiplication par logarithme, il faut ajouter le logarithme du multiplicande au logarithme du multiplicateur, et que la somme trouvée est le logarithme du produit.* Et c'est ce qui arrive lorsqu'on multiplie deux nombres avec la Règle ; car on amène bout à bout la longueur de l'un à la suite de la longueur de l'autre, et la somme de ces longueurs correspond avec le produit cherché.

Exemple : On veut multiplier 4 par 6.

A la suite de la longueur de 4, on amène celle de 6, et l'on trouve pour somme le nombre 24 qui est le produit demandé.

On sait de même que, pour faire une division par logarithme, *il faut retrancher le logarithme du diviseur du logarithme du dividende, et le restant sera le logarithme du quotient ;* et c'est encore ce qui a lieu lorsqu'on fait la division avec la Règle à Calcul, puisqu'on prend pour quotient l'excédant de la longueur du dividende sur celle du diviseur.

Exemple : On veut diviser 32 par 8 ?

On amène la longueur 8 sous la longueur 32,

et l'on voit que l'excédant de la dernière sur la première est la longueur 4 qui exprime le quotient
cherché.

On pourrait aussi trouver les carrés, les cubes et
généralement toutes les puissances des nombres, en
prenant leur longueur autant de fois que l'indiquerait
le rang de la puissance que l'on voudrait former.

Par la même raison on pourrait extraire les racines carrées, cubiques et autres des degrés supérieurs, en divisant la longueur correspondante au
nombre donné, par 2, par 3, ou enfin par le nombre
déterminé par le degré de la racine que l'on voudrait extraire.

Les espaces qui séparent les traits de la ligne inférieure de la Règle, étant deux fois plus grands que
ceux qui représentent les mêmes nombres pris sur
la Coulisse ou sur la ligne supérieure, sont, par là
même, la mesure de leurs carrés. Ainsi, sur la ligne
inférieure, chaque longueur est le logarithme du
carré du nombre qui y est exprimé, et chaque
nombre est la racine carrée de celui qui a sa longueur pour logarithme.

Lorsque, pour élever un nombre à une de ses
puissances ou pour en extraire une racine, on cherche
son logarithme par la méthode donnée n.º 148, on
ne fait autre chose que mesurer, en quarts de millimètres, la longueur de ce nombre, c'est-à-dire l'espace compris entre le premier trait à gauche de
l'échelle et celui qui correspond à ce nombre. On
peut vérifier, en effet, que lorsqu'on amène le premier un de la Coulisse sur un nombre quelconque
de la ligne inférieure, la mesure, marquée par l'extrémité de la Règle sur la ligne inférieure du revers
de la Coulisse, est exactement la même que celle

qu'on obtiendrait en présentant l'une contre l'autre (1) les lignes inférieures de la Règle et du revers de la Coulisse, et en comptant les quarts de millimètre compris entre le premier trait à gauche de l'échelle et le point correspondant au nombre donné.

Application de la Règle à Calcul à la Trigonométrie rectiligne.

155. La trigonométrie apprend à déterminer trois des six choses, angles et côtés, qui entrent dans un triangle, par la connaissance des trois autres parties parmi lesquelles il doit se trouver au moins un côté.

156. On emploie dans le calcul, à la place des angles, les *sinus* et les *tangentes* qui sont des lignes proportionnelles aux côtés des triangles.

157. On appelle *sinus d'un angle* une ligne droite menée perpendiculairement d'une des extrémités de l'arc au rayon qui passe par l'autre extrémité.

158. On appelle *tangente d'un angle* une ligne droite qui touche à l'extrémité de l'arc compris entre les deux côtés de l'angle, et qui est terminée par ces deux côtés.

159. Les sinus et les tangentes, sans être en proportion avec les angles auxquels ils appartiennent, varient cependant suivant la grandeur de ces angles; on conçoit en effet que puisque ce sont des lignes comprises entre les côtés des angles, ces lignes

---

(1) La série des nombres de la ligne inférieure du revers de la Coulisse, allant de droite à gauche, tandis que celle des nombres de la ligne inférieure de la Règle va de gauche à droite, il faut, lorsqu'on les applique l'une contre l'autre, que l'extrémité droite de l'une regarde l'extrémité gauche de l'autre, et réciproquement.

doivent

doivent être d'autant plus longues que les côtés sont écartés.

160. Le sinus de l'angle de 90.° est le plus grand de tous, on l'appelle par cette raison sinus total, il est égal au rayon de la circonférence. Les sinus des autres angles sont des fractions du sinus total.

161. La ligne supérieure du revers de la Coulisse présente les logarithmes des sinus des angles depuis 40 minutes jusqu'à 90 degrés, c'est-à-dire que les espaces compris entre les traits marqués sur cette ligne sont entre eux dans la même proportion que ces logarithmes.

(1) Les divisions sont

De 10′ en 10′ depuis	0° 40′	jusqu'à	10°	
20′ en 20′ id.	10°	id.	20°	
30′ en 30′ id.	20°	id.	30°	
De degré en degré id.	30°	id.	60°	
De 2 degrés en 2 degrés id.	60°	id.	70°	

Au-delà de 70°, l'espace n'a permis que de marquer trois traits, sans numéros ; le premier indique 75°, le second 80°, et le dernier 90°.

162. Pour avoir la valeur des sinus, on retourne la Coulisse et l'on fait correspondre le trait 90° de la ligne des sinus avec le dernier trait de la ligne supérieure de la Règle ; dans cet état les nombres de la ligne

---

(1) Sur la Règle de 0 m. 36, les divisions sont

De 5′ en 5′ depuis	0°35′	jusqu'à	10°
De 10′ en 10′ id.	10°	id.	20
De 15′ en 15′ id.	20°	id.	30
De 30′ en 30′ id.	30°	id.	50
De degré en degré id.	50°	id.	70
De 2 degrés en 2 degrés id.	70	id.	80

5

supérieure (1) expriment la grandeur des sinus des angles dont les degrés se trouvent vis-à-vis d'eux. Ainsi, par exemple, pour avoir la valeur des sinus de 15°, 22°, 33°, 45°, etc., en supposant le sinus total divisé en 1000 parties, on ferait :

Lig. sup. . .	$x = 259$	$x = 375$	$x = 545$	$x = 706$	1000
Lig. des sinus.	sin. 15°	sin. 22°	sin. 33°	sin. 45°	sin. 90

163. Pour multiplier par un sinus on amène le trait 90° sous le nombre donné, et le produit se trouve au-dessus du sinus.

Exemple : Quel est le produit de 74 multiplié par sinus 30° ?

Lig. sup......	$x = 37$	74
Lig des sinus.	sin. 30°	sin. 90°

164. Pour diviser, on amène le sinus sous le dividende, et le quotient se trouve vis-à-vis 90°.

Exemple : Quel est le quotient de 74 divisé par sinus 30° ?

Lig. supérieure.	74	$x = 148$
Ligne des sinus.	sin. 30°	sin. 90°

165. On peut faire ces deux opérations, sans retourner la Coulisse, en la tirant seulement jusqu'à ce que l'extrémité de la Règle marque sur la ligne des sinus le degré de celui par lequel on veut multiplier ou diviser. En cet état le produit de la multiplication sera sur la Coulisse vis-à-vis le multiplicande pris à la ligne supérieure, réciproquement le quotient sera sur cette dernière ligne

---

(1) Il faut pour cela considérer les 2 échelles de la ligne supérieure comme n'en formant qu'une seule dont la première moitié représente des nombres dix fois plus petits que la seconde.

Sinus et tangentes.

Sinus 30° = 5.

Fig. 24.

Revers.

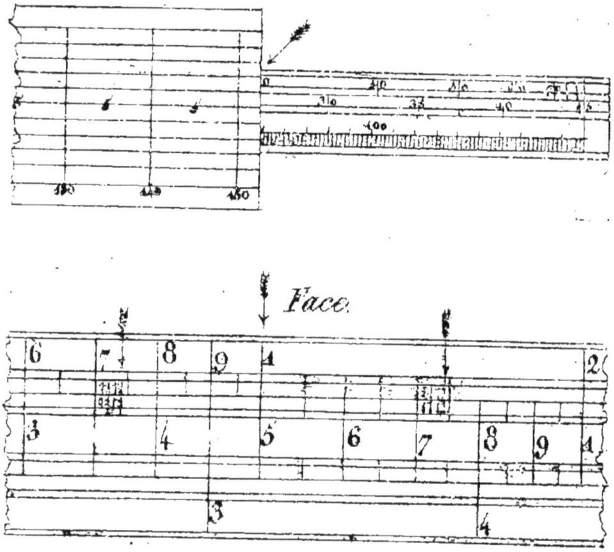

Face.

nu-dessus du dividende pris sur la Coulisse ; ainsi, pour les deux exemples ci-dessus , après avoir tiré la Coulisse jusqu'à sinus 30°, on aurait eu (Fig. 21) :

Lig. sup.	74	I		$x = 148$	
Coulisse.	$x = 37$	$5 = \sin. 30$		74	30° lig. sinus.

166. Le chiffre 5 qui se trouve sous le *un* de la Règle, indique que le sinus de 30° vaut 5 dixièmes ou la moitié du sinus total. On verrait de même à la place du 5, la valeur de tous les sinus qu'on amènerait à l'extrémité de la Règle.

167. La deuxième ligne du revers de la Coulisse présente les logarithmes des tangentes depuis 40 minutes jusqu'à 45 degrés. (1) Les divisions y sont :

De 10′ en 10′ depuis 0.° 40′ jusqu'à 10°
  20′ en 20′ id. 10°   id. 30°
  30′ en 30′ id. 30°   id. 45°

168. Pour trouver la valeur des tangentes, ainsi que pour multiplier ou diviser par ces tangentes, on opère comme pour les sinus.

169. Quand les angles sont de plus de 45°, on ne prend que la différence à 90°, et l'on emploie la tangente de ce nouvel angle, en changeant les multiplications en divisions, et réciproquement ; ainsi pour multiplier par la tangente de 54°, on diviserait par la tangente 36.°

La tangente de 45° est égale au rayon.

---

(1) Sur la Règle de 0 m. 36 , les divisions sont :
  De 5′ en 5′ jusqu'à 10°
    10′ en 10′ id. 20
    15′ en 15′ id. 45

DE LA RÉSOLUTION DES TRIANGLES
RECTILIGNES.

§. 1.

Triangles Rectangles.

On a dit (n.° 155) que pour résoudre un triangle il faut connaître trois des six choses qui le composent. Comme l'angle droit est un angle connu, il suffit dans les triangles rectangles de connaître deux choses différentes de cet angle droit; mais il faut que dans les choses connues il se trouve au moins un côté.

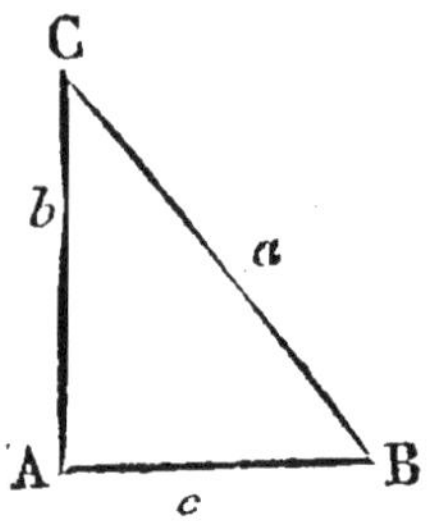

On suppose pour plus de clarté dans les explications qui vont suivre, que dans le triangle $A\,C\,B$,

L'hypothénuse a est de 600 mètres;

Le côté c est de 400   id.

Le côté b est de 447.25 id.

L'angle A étant droit vaut 90°

L'angle B id.   48

L'angle C id.   42

170. Les deux angles aigus d'un triangle rectangle valent ensemble un angle droit, ou 90°; il est visible, d'après cela, que dès que l'un est connu, l'autre l'est aussi.

La résolution des triangles rectangles peut avoir

lieu dans cinq cas différens ; elle s'opère d'après l'un des deux principes suivans :

171. *Le sinus de 90° est à l'hypothénuse comme le sinus de chaque angle aigu est au côté opposé à cet angle aigu.*

172. *La tangente de 45° est au côté de l'angle droit, adjacent à l'un des angles aigus, comme la tangente de cet angle aigu est au côté opposé à ce même angle.*

Premier cas. On connaît l'hypothénuse $a = 600^m$. et l'angle $B = 48°$.

L'angle aigu C est 90° moins 48°, valeur de l'angle B, c'est-à-dire qu'il est de 42°.

173. Les trois angles étant connus, on trouvera les côtés c et a, d'après le principe donné n.° 171, en faisant :

Lig. supérieure.	$c = x = 400$	$b = x = 447.25$	600
Lig. des sinus.	sinus 42°	sinus 48°	sin. 90°

174. On peut faire cette opération sans retourner la Coulisse, en la tirant seulement jusqu'au sinus de l'angle opposé au côté cherché qui se trouve alors sur la Coulisse vis-à-vis l'hypothénuse prise à la ligne supérieure : ainsi l'on aurait fait, pour avoir le côté c :

Lig. sup.	$a = 600$	
Coulisse.	$c = x = 400$	42° ligne sinus.

Pour avoir le côté b :

Lig. sup.	$a = 600$	
Coulisse.	$b = x = 447.25$	48° lig. sinus.

Deuxième cas. On connaît le côté $b = 447.25$ et l'angle adjacent $C = 42°$.

L'angle cherché B est 90° moins 42°, valeur de l'angle C, c'est-à-dire qu'il est de 48°.

175. Les trois angles étant connus, on trouvera le côté c et l'hypothénuse a, en faisant :

Lig. supérieure.	$c = x = 400$	$b = 447.25$	$a = x = 600$
Ligne des sinus.	sinus 42°	sinus 48°	sinus 90°

Sans retourner la Coulisse on aurait eu l'hypothénuse a, en faisant : (n.° 174.)

Lig. sup. $a = x = 600$

Coulisse. $b = 447.25$ | 48° ligne sinus.

176. L'hypothénuse étant connue, on pourrait trouver le côté c comme au n.° 173. Ou bien, d'après le principe donné n.° 172, comme l'angle C est moindre de 45°, en tirant la Coulisse jusqu'à la tangente de $C = 42°$, on aurait sur la Coulisse le côté c vis-à-vis le côté $b = 447.25$ pris à la ligne supérieure ; ainsi la Règle présenterait :

Lig. sup. $b = 447.25$

Coulisse. $c = x = 400$ | 42° lig. tangentes.

177. Si l'angle $C = 42°$ eût été plus grand que 45°, on aurait employé à sa place l'autre angle aigu (la différence à 90°) ; et le côté cherché, c, au lieu de se trouver sur la Coulisse, eût été à la ligne supérieure, vis-à-vis le côté connu, b, pris sur la Coulisse. (Voy. n.° 169.)

Troisième cas. On connaît le côté $b = 447.25$ et l'angle opposé $B = 48°$.

Le second angle aigu C est 90° moins 48°, valeur de l'angle B, c'est-à-dire est 42°.

Les trois angles étant connus ainsi que le côté b, il ne reste à déterminer que le côté c et l'hypothénuse a ; on les trouvera par les moyens donnés n.°ˢ 173 ou 175 et suivans.

Quatrième cas. On connaît l'hypothénuse $a = 600^m$, et le côté $b = 447.25$.

On aura l'angle B opposé au côté $b = 447.25$, en faisant :

Ligne sup...	$b = 447.25$	$a = 600$
Lig. des sinus.	$B = x = 48°$	$90°$

178. Sans retourner la Coulisse, la valeur de l'angle B eût été marquée, par l'extrémité de la Règle, sur la ligne des sinus, si l'on avait amené le côté $b = 447.25$ sous l'hypothénuse $a = 600$. Dans cette opération la Règle eût présenté :

Lig. sup. $a = 600$
Coulisse. $\overline{b = 447.25}$ $\quad B = x = 48°$ lig. sinus.

L'angle B étant $48°$, l'angle C est $42°$; il ne reste dès-lors à trouver que le côté c qu'on déterminera comme ci-dessus, (n.ᵒˢ 173 ou 176 et suivans.)

Cinquième cas. On connaît les deux côtés $b = 447.25$ et $c = 400$.

179. Sans retourner la Coulisse, si l'on amène le petit côté $c = 400$, sous le grand côté $b = 447.25$, l'extrémité de la Règle marquera sur la ligne des tangentes, la valeur de l'angle C opposé au petit côté c ; ainsi la Règle présentera :

Lig. sup. $b = 447.25$
Coulisse... $\overline{c = 400}$ $\quad C = x = 42°$ lig. tangente.

L'angle B est $90°$ moins $42° =$ angle C, c'est-à-dire est $48°$.

Il n'y a plus à déterminer que l'hypothénuse ; on l'aura par les moyens donnés ci-dessus.

180. Si l'un des angles d'un triangle rectangle se trouvait plus grand que $70°$, il serait difficile d'opérer par son sinus avec une grande exactitude, vu le peu d'espace qu'occupent sur la ligne des sinus les

degrés de 70 à 90. Par cette raison , lorsque ce cas se présente , on se sert de la tangente de l'autre angle aigu (n.ºs 169 et 177), ou bien encore on emploie, pour déterminer le côté opposé à l'angle, l'opération fondée sur ce que *le carré de l'hypothénuse est égal aux carrés des deux autres côtés du triangle ;* en conséquence on fait le carré de l'hypothénuse, on en retranche le carré du côté connu, et la racine carrée du restant exprime la grandeur du côté cherché.

Exemple : L'hypothénuse est $a = 600^m$., le côté connu est $c = 400$; quelle est la grandeur du 3.e côté b ?

Le carré de l'hypothénuse $a = 600$ est. . 360000
Si l'on en déduit le carré du côté $c = 400$,
   qui est 160000
      Il restera 200000

En cherchant (n.° 56) la racine carrée de 200,000, on aura 447.25 , nombre qui exprime en mètres la grandeur du côté cherché b.

§. 2.

Triangles obliquangles.

181. *Dans tout triangle rectiligne le sinus d'un angle est au côté opposé à cet angle , comme le sinus de tout autre angle du même triangle est au côté qui lui est opposé.*

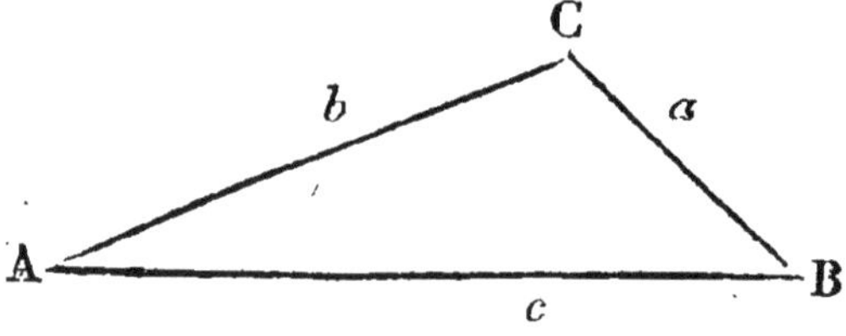

On suppose que dans le triangle $A\,C\,B$,

Le côté c est de 640 mètres ;
Le côté b est de 487   id.
Le côté a est de 270   id.
L'angle C est de 112 degrés ;
L'angle B est de 45   id.
L'angle A est de 23   id.

182. Les trois angles d'un triangle valent ensemble 180°.

183. Lorsqu'un des angles est de plus de 90°, on emploie à sa place son supplément, c'est-à-dire ce qu'il faudrait ajouter à cet angle pour qu'il valût 180°.

184. Dans le triangle donné en exemple, l'angle C vaut 112°, son supplément ou sa différence à 180° est 68° ; on prendra donc sur la ligne des sinus, où l'on ne trouverait pas 112°, le sinus de 68°.

185. *Premier cas.* On connaît le côté $a=270^{\mathrm{m}}$. et les angles $B=45°$ et $C=112°$.

Le troisième angle A étant 180° moins 112 et 45, c'est-à-dire moins 157°, vaudra 23°.

186. En retournant la Coulisse, et en amenant le sinus de l'angle $A=23°$ sous le côté connu $a=270^{\mathrm{m}}$. on trouvera les côtés b et c au-dessus des sinus des angles B et C ; ainsi l'on verra :

Ligne supér. $a=270$ $b=x=487$ $c=x=640$

Lig. des sin. sin. $A=23°$ sin. $B=45°$ sin. $C=68°$

187. *Deuxième cas.* On connoît deux côtés $a=270$, $b=487$, et l'angle $A=23°$ opposé au côté a.

Amenant le sinus de l'angle connu $A=23°$ sous le côté $a=270$ qui lui est opposé, on aura (n.° 186) l'angle B sous le côté $b=487$; ainsi l'on verra :

Ligne supér. $a=270$ $b=487$

Lig. des sinus. sin. $A=23°$ sin. $B=x=45°$

Le troisième angle C sera 112° (n.° 182); en prenant son supplément (n.° 183) qui est 68°, on verra sur la ligne supérieure le troisième côté $c = 640$ vis-à-vis sin. $C = 68°$.

188. *Troisième cas.* On connaît deux côtés $a = 270$, $b = 487$, et l'angle compris $C = 112°$.

189. *Dans tout triangle rectiligne la somme de deux côtés est à leur différence, comme la tangente de la moitié de la somme des deux angles opposés est à la tangente de la moitié de leur différence.*

La somme des deux côtés connu $a = 270$ et $b = 487$ est 757 ; leur différence est 217.

L'angle connu C valant 112°, les angles A et B vaudront (n.° 182) ensemble 68°, dont la moitié 34° a pour tangente (1) 675 ; la proportion sera donc :

$$757 : 217 :: 675 : x = 193.50.$$

Le quatrième terme 193.50 exprime la grandeur de la tangente de la moitié de la différence des angles cherchés A et B.

En présentant la ligne des tangentes contre la ligne supérieure de la Règle, on verra que la grandeur 193.50 correspond à la tangente de 11°, moitié de la différence des angles cherchés ; ainsi cette différence sera 22°.

Sachant que la somme des angles cherchés A et B est 68° et que leur différence est 22°, on déterminera chacun de ces angles d'après le principe suivant :

190. *La plus grande de deux quantités est égale à la moitié de leur somme, plus la moitié de leur*

---

(1) On trouve que la tangente de 34° vaut 675 en présentant la ligne *des tangentes* contre la ligne supérieure (Voy. n.ᵒˢ 162 et 168) ou en tirant la Coulisse jusqu'à ce que l'extrémité de la Règle marque 34° sur la ligne des tangentes. (Voy. n.ᵒˢ 166 et 168.)

différence ; et la plus petite est égale à la moitié de leur somme, moins la moitié de leur différence.

On aura donc le plus grand angle B, opposé au plus grand côté b, en ajoutant

à 34° moitié de la somme des 2 angles,

11   moitié de leur différence.

Total 45°, mesure de l'angle B.

On aura le petit angle A opposé au petit côté a, en retranchant

de 34° moitié de la somme des 2 angles,

11   moitié de leur différence.

Reste 23°, mesure de l'angle A.

Les trois angles étant connus, on aura le troisième côté c, en faisant :

Ligne supér. $a = 270$ $b = 487$ $c = x = 640$

Lig. des sinus.   sin. $A = 23°$ sin. $B = 45°$ sin. $C = 68°$ (112°)

191. *Quatrième cas.* On connaît les trois côtés $a = 270$, $b = 487$, et $c = 640$.

192. *Dans tout triangle rectiligne, si l'on élève sur le plus grand côté, une perpendiculaire par l'angle opposé, le côté sur lequel on a élevé la perpendiculaire est à la somme des deux autres côtés comme la différence de ces mêmes côtés est à la différence des segmens formés par la perpendiculaire.*

La plus grand côté est ici $c = 640^{\mathrm{m}}$.

La somme des 2 autres côtés $a = 270$ et $b = 487$ est 757^{m}.

La différence des 2 mêmes côtés est 217^{m}.

La proportion sera donc :

$c = 640 : 757 :: 217 : x = 256.67$.

Le dernier terme 256.67 exprime la différence des deux segmens : on sait que leur somme ou le côté c est 640 : en cherchant la valeur de chaque segment d'après le principe donné, n° 190, on trouvera 448.33 pour le plus grand , et 191.67 pour le plus petit.

193. La perpendiculaire élevée sur le grand côté par l'angle opposé, partage le triangle qu'on veut résoudre en deux triangles rectangles dont on déterminera facilement toutes les proportions par l'un des moyens indiqués (n.ᵒˢ 173 et suivans) , puisqu'on connaît dans chacun d'eux l'angle droit, l'hypothénuse et un côté.

194. La perpendiculaire élevée sur le grand côté par l'angle opposé, est la mesure de la hauteur du triangle , qui doit toujours être connue lorsqu'on veut évaluer la surface de ce triangle.

195. On a pu voir par ce qui a été dit sur la résolution des triangles rectangles (n.ᵒˢ 173 et suivans) que cette perpendiculaire était facile à déterminer par les deux angles qui lui sont opposés et par les deux côtés du triangle , qui deviennent les hypothénuses des rectangles formés par la perpendiculaire; on fera seulement remarquer ici qu'on aura un résultat beaucoup plus exact en opérant par le plus petit des 2 angles. (Voy. n.° 180.)

196. On n'a pas cru nécessaire de donner des exemples plus détaillés de l'application de la Règle à Calcul aux diverses opérations de la trigonométrie, ce qui a été dit ayant paru suffisant pour donner une idée des avantages que cet instrument présente aux géomètres.

On ajoute quelquefois à la Règle à Calcul une pièce en cuivre qui peut glisser le long de l'instrument. Elle donne le moyen d'établir plus exactement la coïncidence des traits de la ligne supérieure avec ceux des lignes des sinus et tangentes. On peut encore s'en servir pour marquer le point où l'on est arrivé par une première opération, lorsqu'on a besoin d'en faire une seconde pour parvenir au résultat.

FIN.

TABLE

DES MATIÈRES.

FIN DE LA TABLE.